U0353190

# 黑潮入侵南海的影响因素及其对南海的影响

高淑敏　著

中国海洋大学出版社
·青岛·

**图书在版编目（CIP）数据**

黑潮入侵南海的影响因素及其对南海的影响 / 高淑敏著. --青岛：中国海洋大学出版社，2024. 8.

ISBN 978-7-5670-3960-5

Ⅰ. P731.27

中国国家版本馆 CIP 数据核字第 2024VP5402 号

HEICHAO RUQIN NANHAI DE YINGXIANG YINSU JIQI DUI NANHAI DE YINGXIANG

**黑潮入侵南海的影响因素及其对南海的影响**

---

**出版发行** 中国海洋大学出版社
**社　　址** 青岛市香港东路23号　　**邮政编码** 266071
**网　　址** http://pub.ouc.edu.cn
**出 版 人** 刘文菁
**责任编辑** 赵孟欣
**电　　话** 0532-85901092
**电子信箱** 2627654282@qq.com
**印　　制** 青岛海蓝印刷有限责任公司
**版　　次** 2024 年 8 月第 1 版
**印　　次** 2024 年 8 月第 1 次印刷
**成品尺寸** 170 mm × 240 mm
**印　　张** 8.5
**字　　数** 116 千
**印　　数** 1—500
**定　　价** 68.00 元
**审 图 号** GS 鲁（2024）0375 号
**订购电话** 0532-82032573（传真）

---

# 摘 要

南海是太平洋西侧最大的边缘海，属于热带季风性气候，冬季盛行东北风，夏季盛行西南风。吕宋海峡介于台湾岛和吕宋岛之间，连接着南海与西北太平洋，在两者的水体输运和动力相互作用中起着重要作用。西太平洋和南海之间的水体输运在垂向上呈“三明治结构”，西太平洋水从表层和底层进入南海，从中层流出南海，相应的南海环流在上层和底层为气旋式环流，在中层为反气旋式环流。黑潮是北赤道流在吕宋岛以东的北向分支，具有流速强、流量大、流幅狭窄、高温、高盐等特征，是世界上最重要的海流之一。黑潮入侵作为吕宋海峡输运的重要组成部分，对南海具有重要影响。黑潮入侵是连接西北太平洋与南海中尺度涡的桥梁，吕宋海峡水体输运也可以将ENSO信号传递到南海，南海表层和次表层盐度的年际变化受到黑潮入侵强度的影响。

西北太平洋地区是台风的多发地带，经过黑潮主轴的台风会对黑潮入侵南海产生重要影响。西北太平洋中西向传播的涡旋到达西边界时与黑潮发生相互作用，黑潮阻挡涡旋向西传播，涡旋改变黑潮的强度和路径。前人对台风、中尺度涡以外的影响因素的了解已比较深入，但对台风、中尺度涡影响黑潮的历程和物理机制还不够清楚。本书着重研究了台风、反气旋涡对黑潮入侵南海的影响历程，以及黑潮入侵对南海的影响程度。黑潮入侵对南海海洋环境有重要影响，本书围绕台风和中尺度涡对黑潮入侵南海的影响展开研究。本书基于Argo、CTD、卫星遥感资料和滑翔机等实测数据，采用海洋数值模式，针对台风和中尺度涡过程，黑潮对南海的水体、热、盐通量，以及台风过境后黑潮入侵对南海的影响等开展了研究，取得如下成果。

① 当台风“红霞”过境时，在纬向上，黑潮对南海的入侵强度在21° N最为显著；在垂向上，黑潮入侵在次表层最强，导致南海东北部的温度、盐度变化在次表层最为显著。台风引起的黑潮主轴西向偏移相较于高温高盐水入侵南海具有一定的滞后性，滞后7 d左右。② 台风过境对黑潮入侵南海的影响可以持续20 d之久。台风导致黑潮入侵南海的水体、热、盐通量大幅度增加，台风贡献率达到40%。③ 台风导致的南北向的海面压强梯度差产生西向的地转流，可使黑潮入侵南海强度增大；北向风产生的西向Ekman输运，同样加强黑潮入侵南海。④ 黑潮入侵南海时，在吕宋海峡西北侧会脱落反气旋涡，脱落的反气旋涡进入南海后向南海西南方向移动，在南海存活时间达5个月之久。⑤ 当反气旋涡出现在吕宋海峡东南侧时，会使黑潮主轴平直向北，黑潮入侵南海的强度较弱；当反气旋涡在吕宋海峡东部时，可使黑潮主轴向南海弯曲，入侵加强。当反气旋涡接近黑潮边界时，一部分涡旋水进入黑潮，可使黑潮主轴流速增大；反气旋涡离开黑潮后，黑潮流速减小。⑥ 南海东北部次表层盐度变化与吕宋海峡处水体输运具有较好一致性。吕宋海峡自东向西输运量增大时，南海次表层的盐度最大值随后增大，但具有一定的滞后性。通过最优多参数分析法发现，黑潮入侵南海东北部的程度在其北侧大于南侧。对于黑潮入侵比例而言，吕宋海峡附近比例最高，越向西比例越小，且入侵较强的深度主要在250 m以上。

**关键词** 黑潮；南海东北部；台风；COAWST 模式；盐度；通量

# Abstract

The South China Sea is the largest marginal sea in the Western Pacific. It has a tropical monsoon climate, with northeast wind prevailing in winter and southwest wind prevailing in summer. The Luzon Strait lies between Taiwan Island and Luzon Island, connecting the South China Sea and the Northwest Pacific, and plays an important role in the water transport and dynamic interaction between the two. The water transport between the West Pacific and the South China Sea presents a "sandwich structure" in the vertical direction. Seawater from the West Pacific enters the South China Sea from the surface and bottom layers, and flows out of the South China Sea from the middle layer. The corresponding South China Sea circulation is cyclonic circulation in the upper and bottom layers, while the middle layer is reversed. The Kuroshio is the northward branch of the North Equatorial Current east of Luzon Island. It has the characteristics of strong velocity, large flow, narrow flow range, high temperature and high salinity, and is one of the most important ocean currents in the world. The Kuroshio invasion is an important part of the transportation in the Luzon Strait and has an important impact on the South China Sea. The Kuroshio intrusion is a bridge connecting the northwest Pacific and the meso-scale vortex of the South China Sea. Water transport in the Luzon Strait can also transmit ENSO signals to the South China Sea. The interannual variation of the salinity of the surface and subsurface layers of the South

China Sea is affected by the intensity of the Kuroshio intrusion.

The Northwest Pacific is a typhoon–prone zone. Typhoons passing through the main axis of the Kuroshio will have an important impact on the Kuroshio intrusion into the South China Sea. The vortex propagating in the westward direction of the northwest Pacific interacts with the Kuroshio when it reaches the western boundary. The Kuroshio prevents the vortex from propagating westward, and the vortex changes the intensity and path of the Kuroshio. The predecessors have a thorough understanding of factors other than typhoons and mesoscale vortices, but the process and physical mechanism of typhoons and mesoscale vortices affecting the Kuroshio are still not clear enough. This article focuses on the influence of typhoons and anticyclonic vortices on the Kuroshio intrusion into the South China Sea, and the extent of the Kuroshio intrusion on the South China Sea. The Kuroshio intrusion has an important impact on the marine environment of the South China Sea. This book studies the impact of typhoons and mesoscale eddies on the Kuroshio intrusion into the South China Sea. The book is based on the measured data of Argo, CTD, satellite remote sensing data and gliders, using ocean numerical models, focusing on the typhoon and mesoscale vortex process, the Kuroshio's water, heat, and salt fluxes in the South China Sea, and the impact of Kuroshio intrusion on the South China Sea. Completed the research and achieved the following results:

① When the typhoon "Hongxia" passes by, in the latitude direction, the Kuroshio intrusion into the South China Sea is the most significant at 21° N. In the vertical direction, the Kuroshio intrusion is strongest in the subsurface layer, resulting in salinity and temperature in the northeastern part of the South China Sea. The changes are most pronounced at the subsurface level. The westward deviation of the Kuroshio main axis caused by the typhoon has a certain lag compared to the high temperature and high salt water intrusion into the South China Sea, about 7 days later. ② The impact of the typhoon crossing on the Kuroshio intrusion into the South China Sea can last for as long as 20 days. The typhoon caused the Kuroshio to invade the South China Sea water, heat, and salt flux greatly increased, and the contribution rate of the typhoon reached about 40%. ③ The difference in sea surface pressure in the north-south direction caused by the typhoon produces a westward geostrophic flow, which can increase the intensity of the Kuroshio intrusion into the South China Sea. The westward Ekman transport caused by the northerly wind also strengthens the Kuroshio intrusion into the South China Sea. ④ When the Kuroshio invades the South China Sea, the anticyclone vortex will fall off on the northwest side of the Luzon Strait. After entering the South China Sea, the anticyclone vortex will move to the southwest of the South China Sea and survive for up to 5 months in the South China Sea. ⑤ When the anticyclone vortex is on the southeast side of the Luzon Strait, it will make the Kuroshio main axis straight to the north, and the intensity of the Kuroshio intrusion into the South China Sea is weaker. When the anticyclone vortex is in the east of the Luzon Strait, it can make the Kuroshio dominate the South China Sea. The axis is bent in the South China Sea, and the invasion is strengthened. When the anticyclonic vortex approaches the Kuroshio boundary, part of the vortex water enters the Kuroshio, which can increase the velocity of the Kuroshio main axis. After the anticyclonic vortex leaves the Kuroshio, the speed of the Kuroshio decreases. ⑥ The subsurface salinity changes in the northeastern part of the South China Sea are in good agreement with the water transport in the Luzon Strait. When the transportation volume of the Luzon Strait increases from east to west, the maximum salinity of the South China Sea subsurface layer subsequently increases, but with a certain hysteresis. Through the optimal multi-parameter analysis method, it is found that the extent of the Kuroshio intrusion into the northeastern part of the South China Sea is greater than that on the south side. As for the proportion of Kuroshio invasion, the proportion near the Luzon Strait is the highest, and the proportion is smaller as it goes westward, and the strong invasion is mainly above 250 m.

Keywords: Kuroshio; Northeastern South China Sea; Typhoon; COAWST model; Salinity; Flux

# 目录

# 第一章
# 引　言

## 1.1　研究背景及意义

南海（South China Sea，SCS）是西太平洋最大的边缘海，也是世界上最大的准封闭孤立海盆，四周较浅，中间下陷，其平均水深为1212 m，最大深度达5559 m。南海通过台湾海峡、吕宋海峡、民都洛海峡、巴拉望海峡和加里曼丹海峡以及卡里马塔海峡等与外海大洋发生物质交换和能量传递，其中吕宋海峡水深、宽度最大，是诸海峡中最主要的水道。吕宋海峡介于台湾岛和吕宋岛之间，是连接南海与西北太平洋的主要通道。吕宋海峡跨度超过350 km，最大水深超过2500 m，在1500 m水深处海峡的跨度仍然超过200 km，其间被巴坦群岛和巴布延群岛分割形成巴士海峡、巴林塘海峡和巴布延海峡三条水道。其中最宽的是位于台湾岛和巴坦群岛之间的巴士海峡，其平均宽度约185 km，最窄处亦有95 km。巴士海峡的水深大都在2000 m以深，最深处可达5126 m，在南海与西北太平洋的水体输运和动力相互作用中起着重要作用（图1–1）。

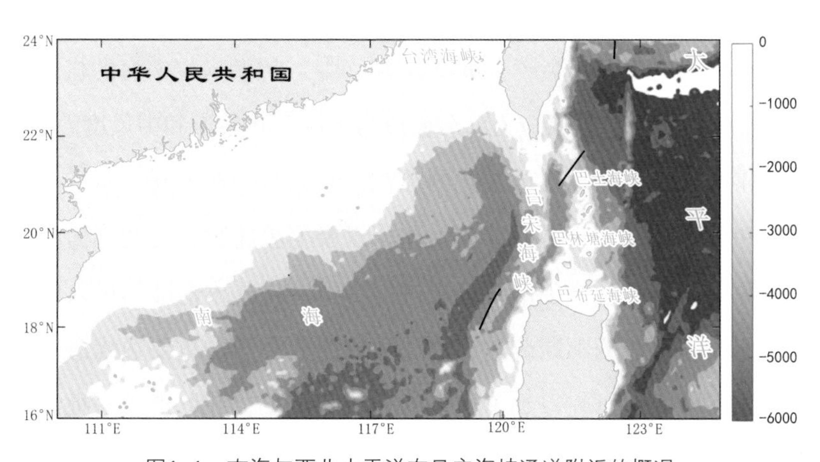


图1–1　南海与西北太平洋在吕宋海峡通道附近的概况

南海还处于亚洲季风区，风向有明显的季节性变化，冬季盛行东北风，夏季盛行西南风，冬季平均风速大于夏季。源于亚洲大陆的众多江河把大量淡水注入南海，在沿岸陆架区形成明显的低盐水团。已有的研究表明，台湾海峡水体主要包括浙闽沿岸水、南海水以及由吕宋海峡入侵的部分黑潮水；而南海沿岸水系则主要包括源自珠江、韩江、红河、湄公河和湄南河等的入海径流，以及广东沿岸水、北部湾沿岸水、越南沿岸水和泰国湾沿岸水等。需要指出的是，江河径流强度一般夏季强于冬季，且在季风的作用下，其盘踞的范围和扩展的方向也都具有明显的季节变化特征。但控制南海环流的主要因素还是季风，其上层环流的基本流型随季风的改变而改变。冬季东北季风驱动出海盆尺度的气旋式环流，在南海南部和北部呈现两个气旋式环流中心；夏季受西南季风的驱动，在南海南部呈现一个反气旋式的环流，而在北部则为一个弱的气旋式环流。南海常年受到沿岸径流、降雨、蒸发和外海（洋）水体入侵，以及季风和热带气旋等综合因素的影响，使其既带有大洋水的特征，又具有自身的独特性质，从而引起国内外学者的普遍关注。

黑潮是北赤道流在吕宋岛以东的北向分支，也是北太平洋副热带环流系统中的西部边界流，具有流速强、流量大、流幅狭窄，高温、高盐等特征，是世界上最重要的海流之一。其在流经吕宋海峡时会发生弯曲，并将高温、高盐的黑潮水输送进入南海海域，对南海尤其是南海东北部区域的海水温度、盐度、环流和涡旋生成等都会产生重要影响[1-18]。黑潮入侵南海的机制受到多种因素的影响，其中包括风应力、海面压力梯度、β效应和中尺度涡等。

近20年来，随着全球气候变化的加剧，人们对全球变暖、海平面上升、海洋酸化和海洋缺氧等问题的普遍关注，以及卫星遥感、自动剖面浮标和水下滑翔机等新颖海洋观测手段及其先进的资料同化技术的陆续投入使用、高分辨率数值模拟方法的不断改进，对发生在西太平洋的重要边缘海——南海的物理海洋环境变化研究得到了更多的关注和重视，并取得了一批深入的研究成果。

# 1.2 国内外研究现状

吕宋海峡是黑潮影响南海的主要通道。早期的观测发现，吕宋海峡经常有一个高温水舌，离开黑潮主体向西侵入南海。所以，长期以来，关于黑潮入侵南海的方式及其动力解释，一直是中外学者最为关注的核心问题之一。

## 1.2.1 黑潮入侵南海的路径

已有的研究表明，黑潮入侵南海的路径主要有三种形式，如图1–2所示：其一，黑潮分离出尺度与黑潮主轴相当的反气旋流环进入南海东北部[1, 19]；其二，有黑潮分支直接进入南海[20]；其三，黑潮水以跨隙流态入侵南海[21]。Nan等[22]提出可用$KSI=\iint\left(-(g/f)\nabla^2\eta\right)\mathrm{d}A$指数来判断黑潮入侵南海的这三种形式（其中，$\eta$为海面高度，$g$为重力加速度，$f$为科氏力参数）。Huang和Zheng[23]认为这三种入侵状态同时存在，黑潮在吕宋海峡西部100 m深度分裂为3个部分：第一部分以“环状”的形式从南海进入并流出，穿过吕宋海峡北部；第二部分从东沙群岛北部的大陆架向西延伸；第三部分在吕宋海峡南部附近形成气旋式环流。

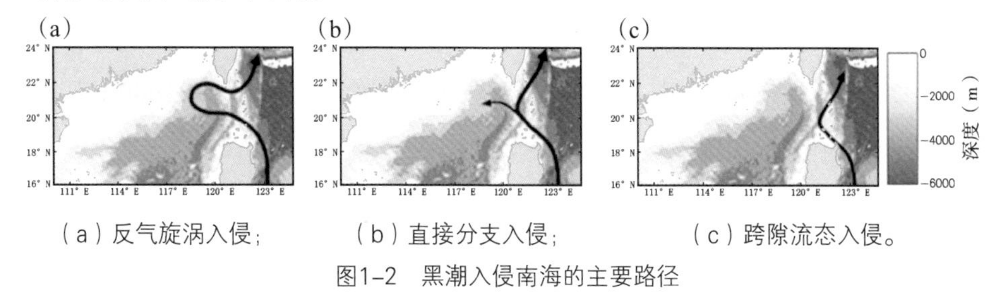


（a）反气旋涡入侵；（b）直接分支入侵；（c）跨隙流态入侵。

图1–2 黑潮入侵南海的主要路径

黑潮入侵路径具有明显的季节和年际变化。2012年南峰利用海面高度计资料统计了1993—2010年由季节平均获取的三种路径的发生概率[24]，分别是

15.7%、44.8%、39.5%。其中第一、二种入侵路径在冬季发生概率最大，分别可达25%、69%，第三种入侵路径在夏季发生概率最大，可达82%。但第一种入侵路径的发生概率有逐年减少的趋势，而第三种入侵路径的发生概率则有逐年增加的趋势。Liang等[25]利用MICOM模式的模拟结果表明，黑潮入侵路径夏季以第一种入侵路径为主，冬季以第二种入侵路径为主。显而易见，黑潮入侵南海的路径是不稳定的，容易从一种形式转变成另一种形式，但由于"茶壶效应"（Teapot Effect），入侵路径从一个稳定态跳到另一个稳定态转换时存在滞后现象[26-27]。

黑潮入侵主要发生在表层和次表层，一般在500 m以浅，这是由黑潮自身性质决定的，黑潮引起的较强上升流限制了其本身在吕宋海峡的入侵深度。在垂向分布上，海洋上层西太平洋水进入南海，中层南海水进入西太平洋，深层又是西太平洋水进入南海，是典型的"三明治结构"：1996年，Chen等[28]研究发现在350～1350 m水层，南海水经吕宋海峡进入西太平洋，表层、次表层及深层西太平洋水进入南海；2002年，Qu等[29]通过分析氧含量同样支持吕宋海峡水体输运的"三明治结构"；2002年，Yuan[30]的研究也表明南海环流的"三明治结构"，菲律宾海水从表层和底层进入南海，从中层流出南海，相应的南海环流在上层和底层为气旋式环流，在中层为反气旋式环流；2006年，Tian等[31]计算了吕宋海峡的亚惯性流体积输运，500 m层以上输运量向西为9 Sv，500～1500 m层输运量向东为5 Sv，1500 m以下输运量向西为2 Sv；2006年，Qu等[32]的结论表明在1500 m以下西太平洋向南海的输运量为2.5 Sv；之后，2014年，Yuan等[33]的研究结果进一步证实了，在表层和1000 m层以下都有西北向流输入南海。

在黑潮入侵南海的纬向位置上，前人基于观测资料进行了大量研究，然而其纬向位置仍然存在着较大的不确定性，但大部分研究表明入侵位置在112° E以东：1997年，许建平等[34]通过分析1992年3月和1994年8—9月期间两个航次的南海CTD资料，指出黑潮水在巴士海峡的西向扩展范围能达120° E

附近，但是无黑潮分支入侵南海；1998年，Li等[35]利用相同航次的CTD资料分析认为，黑潮入侵位置仅可达119° E；之后，2001年，许建平等[36]再次通过对1998年5月的南海水团分析，认为黑潮水入侵位置向西可达118° E，2001年，刘增宏等[37]也在台湾岛西南海域的50 m层发现了入侵的南海水，其纬向入侵位置同样在118° E附近；2006年，Yuan等[38]通过分析叶绿素数据，认为黑潮最远可入侵至118° E，不会越过东沙岛；而2012年，Hsin等[39]的研究认为12月黑潮入侵最西位置可达112° E，6月份却只能到达约117° E附近；2017年，Wu等[40]的研究表明，黑潮入侵位置冬季可达114° E，夏季可达118° E，且冬季入侵广泛存在于陆架上，而夏季入侵主要滞留在200 m等深线附近。2004年，Centurioni[41]通过分析穿越120.8° E经线的29个表层漂流浮标轨迹，发现其中的6个浮标可到达越南沿岸。虽然表层漂流浮标可以抵达，但并没有足够的依据（如海水的高温、高盐特性的出现）证明黑潮水就能到达或者影响到该海域。

### 1.2.2 黑潮入侵的影响因素及其季节和年际变化

黑潮入侵南海具有明显的季节和年际变化的特征。

#### 1.2.2.1 黑潮入侵的季节和年际变化

（1）季节变化

大部分研究认为，黑潮通过吕宋海峡对南海全年都有输入，冬季输入量大于夏季输入量[38，42]；同时，也有一部分研究认为黑潮只是在冬季入侵南海东北部，而夏季黑潮水无法进入南海[41，43]。Qiu等[44]和Centurioni[41]的研究表明，黑潮入侵南海的强弱与北赤道流（NEC）在西边界的分叉位置具有相关性：分叉点位置偏北时，黑潮在吕宋海峡附近的流量较小，β效应明显，有利于黑潮入侵南海；分叉点位置偏南时，黑潮在吕宋海峡附近的流量较大，β效应不明显，不利于黑潮入侵南海。Qiu等认为分叉点范围在12.6° N ~ 14.1° N之间，其中5、6月份NEC分叉点位置最靠南，10、11月份

NEC分叉点位置最靠北[44]；Centurioni等认为5月份NEC分叉点位置最靠南在11° N处，11月份最靠北在14.5° N处[41]；Qu T等[45]研究表明，12月份左右NEC分叉点位置最靠北在17.2° N附近，7月份左右NEC分叉点位置最靠南在14.8° N附近，而且随着深度加深，分叉点位置北移，即海洋较深层处的NEC分叉点位置比上层偏北。吕宋海峡东侧，自东向西传播的反气旋涡在春季占优势，有利于黑潮入侵。

（2）年际变化

Yuan Y等[46]研究认为，当处于厄尔尼诺年时，北赤道流分叉点偏北，有利于黑潮入侵南海。当处于拉尼娜年时，北赤道流分叉点偏南，不利于黑潮入侵南海。Qu等人[47]研究表明，随着厄尔尼诺的发展，吕宋海峡的年平均输运量比正常年份多0.7 Sv，热通量达$77.6 \times 10^{12}$ W；且黑潮入侵南海强度最大值（最小值）受厄尔尼诺（拉尼娜）影响的周期为一个月。南海上层温度最低值的出现时间早于吕宋海峡最大输运量时间4个月，早于厄尔尼诺成熟阶段5个月。随着厄尔尼诺事件的发展，黑潮水入侵可将ENSO信号传至南海，厄尔尼诺事件发生时，吕宋海峡的年平均输运量比正常年份多。

当太平洋年代际变化（PDO）处于暖阶段，热带太平洋发生西风异常，使得NEC分叉点位置偏北，黑潮在吕宋海峡东侧减弱，有利于黑潮入侵南海；当PDO处于冷阶段，热带太平洋发生东风异常，使得NEC分叉点位置偏南，黑潮在吕宋海峡东侧增强，不利于黑潮入侵南海。ENSO和PDO都是通过影响NEC分叉点位置的南北向移动进而对黑潮入侵强度产生影响的[48]。当PDO处于暖阶段时，PDO对分叉点位置的经向移动起主导作用，ENSO的作用不明显；当PDO处于冷阶段时，ENSO对分叉点位置的经向移动起主导作用，PDO的作用不明显[49]。

风应力引起的艾克曼输运及其在海表面引起的海水输送、海水堆积都会影响吕宋海峡处南海和西太平洋之间的水体交换。NEC分叉点位置直接关系到黑潮在吕宋海峡附近的强弱，越靠北黑潮强度越弱，β效应对黑潮入侵南海的作用越明显。黑潮流轴东侧的反气旋涡，有利于增大黑潮入侵强度。风应力、β效应、中尺度涡以及NEC分叉点位置的南北移动都会影响黑潮入侵，这些因素影响黑潮入侵南海的年际变化。

#### 1.2.2.2　入侵影响因素

（1）风应力与海面压力梯度

西菲律宾海、吕宋海峡和南海常年都会受到东亚季风的影响。冬季，东北季风影响下的西北向艾克曼层输运可增强黑潮向吕宋海峡的水体输运量。夏季，在西南季风影响下，偏向东的艾克曼输运有利于水体自南海向西太平洋输运。早在20世纪90年代，Farris[50]等认为当局地风应力参数的南向分量大于0.08 $N \cdot m^{-2}$时，黑潮才可以入侵南海，且认为局地风应力对黑潮在吕宋海峡的路径具有重要影响。2001年，许建平[2]通过分析卫星红外遥感观测海面温度分布图，指出台湾岛西南侧海域的高温（≥25℃）表层水体是黑潮在东北季风的驱动下从菲律宾海区输运而来。同样，2002年，Yuan[30]研究认为季风引起的吕宋海峡水体输运（Luzon Strait Transport，LST）仅体现在表层，冬季向西，夏季向东。2009年，Kuehl[51]等则通过实验室实验同样证实风应力引起的艾克曼输运决定黑潮入侵南海的角度和流量。2012年，Hsin等[39]通过数值模式量化了东亚季风对LST的作用，他们的结果表明120.75° E处年平均的LST为$-4.0 \pm 5.1$ Sv，方向向西，但若除去东亚季风的影响，则年平均LST约为4 Sv，方向向东。

但同时有些研究认为，风应力影响下的水体输运相较于黑潮总入侵量很小，而季风引起的压力梯度对吕宋海峡水体输运量的贡献更为重要[47, 52]。东亚季风引起的海水堆积，在西太平洋和南海之间产生海面压力梯度，对沿吕宋海峡方向的水体输运产生重要影响[53]：冬季东北季风盛行时，有利于黑潮向南海入侵；夏季西南季风盛行时，则相反。Song[54]认为1500 m层以上的LST可根据地转平衡关系$g/f \cdot H_1 \Delta \eta$计算得到，其中$\Delta \eta$为西太平洋和南海的海面高度差，并认为两区域范围的选取十分重要，在此Song Y将西太平洋范围选为122° E～140° E，0° N～30° N，将南海范围选为105° E～120° E，0° N~24° N，由此计算所得的LST冬季大于夏季，年际变化受到ENSO的影响，这与大部分研究事实相符。Yuan等[33]通过对比分析2008年10月和2009年7—8月的黑潮入侵过程，认为黑潮入侵的季节变化主要受到季风影响，即由风应力引起的海面压力梯度。

（2）$\beta$效应

Yuan[30]利用平衡理论关系$f\frac{\mathrm{d}w}{\mathrm{d}z}=\beta v$（其中，$f$为科氏力参数，$z$为垂向坐标，$v$和$w$为水平和垂向速度，$\beta$为$f$的经向梯度），通过数值模拟认为该平衡占据绝大部分的水体输运量，因此$\beta$效应是产生黑潮流环至关重要的动力机制，海面压力梯度促使流环产生，$\beta$效应可增大黑潮流环的强度。如果没有$\beta$效应，LST将会大大减弱，南海环流也会改变。这也决定了黑潮在吕宋海峡东侧的强弱直接关联其自身入侵南海的强度。

Yaremchuk等[55]研究表明，在11、12月份黑潮流量最小（10 Sv）时，黑潮更容易入侵南海。当黑潮流量较大时，西边界流惯性决定了西边界流跨越缺口流动，黑潮入侵强度较小；袁东亮等[26]认为当黑潮流量较小时，位涡的经向平流不足以平衡$\beta$效应，较弱的边界流较易转换成“穿透缝隙”机制，形成反气旋涡旋入侵南海，黑潮入侵强度较大。

（3）中尺度涡

亚热带太平洋20° N～25° N纬向带上，中尺度涡向西传播，西太平洋的涡旋通过黑潮入侵南海的数量可达涡旋总数的60%[56]。涡旋到达西边界时与西边界流发生相互作用：西边界流阻挡涡旋的向西传播，涡旋改变西边界流的强度和路径。气旋涡减弱黑潮入侵，反气旋涡增强黑潮入侵[57]。2017年，Cheng等[58]利用1993—2012年的卫星高度计海面高度数据，在5° N～45° N，120° E～150° W区域内，共观测到自东向西传播的138个反气旋涡和177个气旋涡，涡旋尺度大约130 km，移动速度30 cm/s左右，其中18° N～19° N和22° N～23° N这两个位置侵入概率较高；Yang等[59]也曾得到了相似结论。

Lien等[57]认为黑潮入侵南海强度与局地海平面高度异常（Sea Level Anomaly，SLA）梯度密切相关。反气旋涡可增大SLA梯度，进而使黑潮入侵南海增强；反之，气旋涡减小SLA梯度，进而使黑潮入侵南海减弱。Qian等[60]研究表明黑潮主轴东侧的反气旋涡，可使吕宋海峡处黑潮入侵流态由跨隙流态转变为涡脱落入侵形式。反气旋涡在春季占优势，气旋涡在秋季占优势，这与黑潮入侵南海强度在春季较强、秋季较弱相对应。这足以说明中尺度涡对黑潮入侵的作用不容忽视。

（4）台风

Hsu T W等[61]认为台风旋转风速与黑潮流速方向一致时，黑潮流速增加，反之亦然。Tada H等[62]研究了超级台风对日本附近黑潮主轴的影响，认为台风导致黑潮轴的显著变化，黑潮轴大多转向逆时针方向，以促进海岸附近的向北流动。Kuo Y C等[63]认为台风影响后，吕宋海峡附近的海温显著下降，其降温幅度大于吕宋岛以东海温的下降幅度。令聪婧等[64]在台风中心附近模拟出由于低压引起的海面升高现象，并认为台风过程对黑潮南向流的影响较弱，主要增加了海洋混合层的北向流流量。但前人关于台风对黑潮入侵南海的研究不多。

### 1.2.3 黑潮入侵对南海的作用与影响

黑潮入侵对南海的影响主要是通过两个方面来实现的。一是通过水体的热盐交换，改变南海的密度场，从而影响南海环流；二是通过动量交换，直接影响南海环流。黑潮入侵的影响，主要表现在南海的北部海域。

#### 1.2.3.1 黑潮入侵对南海环流和热盐收支的影响

有研究认为，黑潮在南海存在直接分支，影响南海的环流形式。黑潮水穿过吕宋海峡进入南海后，分为两支流向北和西北，前者流入台湾海峡，后者流到达西沙群岛附近又分为两支，一支穿过民都洛海峡流入苏禄海，另一支继续向南穿过卡里马塔海峡进入印度尼西亚海域[65]。

南海环流结构呈长期稳定变化状态，当存在黑潮水入侵时，一定会受到南海环流的影响。所谓的黑潮“南海分支”，也可能是一支与黑潮水性质相似且由南海环流携带而来的暖流而已。早期的研究发现，在吕宋岛西侧沿岸存在一个北向且相对低盐的高温水，其与部分黑潮水在巴士海峡附近混合，继而向西流动，该西向暖流结合了黑潮水和南海北上水的共性，故称之为“南海再循环水”，又因该暖流在东沙群岛附近较稳定，又有“东沙海流”之称。其到达大陆架附近时，由于海底地形及沿岸流阻挡作用转而向西南流动，很容易被错认成黑潮在南海的分支[34, 36]。蔡树群等认为黑潮并没有分支直接入侵南海，而是在南海深海盆地诱发一个气旋式环流，南海东北部的西向流即为该环流的东北段，该部分水体就来自沿吕宋岛西岸北上的“吕宋沿岸流”[66]。

早期的一些敏感性试验结果表明，黑潮入侵对南海环流的影响主要局限于南海北部区域。2002年，Yang等[67]通过吕宋海峡的开关实验，认为南海暖流受黑潮入侵控制。在冬季，黑潮入侵南海的流量与风应力在南海内部引起的流量对南海北部陆坡边界流和南海西边界流均有重要贡献；2004年，翟丽等[68]指出北部反气旋风应力旋度可引起南海暖流。2010年，Wang等[3]通过数值诊断，认为黑潮水团入侵形成的强层结梯度与南海北部陆架-陆坡地形的地形-斜压联合效应是南海暖流的重要驱动因子。

Fang等[69]应用数值模拟的方式给出了南海水热盐平衡过程。1982—2003年的模拟结果表明，西太平洋的水体以4.8 Sv的年平均流量穿越吕宋海峡进入南海，其中，通过台湾海峡流进东海的流量为1.71 Sv，并最终返回西太平洋；剩余3.09 Sv流量通过其他海峡最终进入印度洋。可见，吕宋海峡是南海唯一水体输入源，而其他海峡都是南海水体的输出源；同时，其研究还给出了南海热量的平衡过程。他们认为南海热量收入主要通过两个途径，一是通过吕宋海峡有0.373 PW的热量流入南海，二是通过海气界面，有0.059

PW的热量从大气进入南海。南海热量的输出主要通过与外海的水交换过程实现。其中有0.153 PW的热量通过台湾海峡返回西太平洋，有0.279 PW的热量流出南海，最终进入印度洋。黑潮入侵还导致了南海内区垂向翻转环流的存在。在年平均意义下，南海贯穿流从吕宋海峡进入、从南部海峡流出；其中，主要分支经南海西边界从卡里马塔海峡和民都洛海峡流出[42，70-72]。目前，相关研究对于卡里马塔海峡和民都洛海峡出流输运量的估算仍存在一定的差异[69，73，74]。

#### 1.2.3.2 黑潮入侵对南海水体结构的影响

太平洋的海水通过吕宋海峡进入南海后，一部分转而向北，进入台湾海峡，最终回到太平洋，另一部分向南流动，除小部分通过马六甲海峡直接汇入印度洋外，其他分别通过民都洛海峡、巴拉巴克海峡和卡里马塔海峡汇入太平洋—印度洋贯穿流，最终进入印度洋[69]。南海主要通过跨度大、海槛深的吕宋海峡与太平洋发生质量和能量交换，不仅是表层、上层，更是中、深层水交换的主要渠道，对南海海域的水体结构有着重要影响。

王胄等[75]认为西太平洋水进入南海后，其盐温变率比（$dS/dT$）的绝对值必随时间的增加而减少，此数值因此隐含了时间的效应，故可作为表示水团变性程度的参数。高$dS/dT$值的海水系由吕宋海峡北端（20.5° N以北）呈舌状向西北伸入南海东北部海域；刘长健等[8]认为34.60等盐度线可以较好地代表西北太平洋热带水在南海的分布情况，并以34.42等盐度线代表西北太平洋中层水在南海的分布情况。西太平洋水进入南海后，会与南海水混合变性，但仍然表现出原区域特征，一定时间和范围内保持相对高温、高盐的属性；Li等[9]利用最优多参数法分析了2014年秋季入侵的西太平洋水对南海北部陆坡区水团的影响：在50 m以浅海域，西太平洋水所占混合比例在一半左右，随着深度加深，西太平洋水影响范围东移，但在150～200 m之间西太平洋水混合比例达到垂向最大值。

近些年的研究发现，南海东北部海域的海水盐度存在下降的迹象，可能与黑潮入侵强度减弱有关。Nan等[52]利用ROMS海洋模式计算得到，1993—2010年黑潮入侵南海强度以–0.24 Sv·$yr^{-1}$的（1 Sv≡$10^6$ $m^3s^{-1}$）速度减小。他们还发现，在1987—2012年西北太平洋的表层盐度以–0.0042pus·$yr^{-1}$的速度淡化，次表层盐度以–0.0036 pus·$yr^{-1}$的速度淡化，这种变化亦可能会影响到南海东北部的盐度变化[76]；而Caruso等[21]的早期研究也发现，1999—2004年南海东北部的海表面温度在以–0.15℃·$yr^{-1}$的速度下降，但他们认为，这种现象似乎与黑潮入侵并无直接关联；Liu等[77]分析1960—1980年的南海中层水盐度变化，认为其变淡的原因主要与南海经向翻转环流中浅层水和北太平洋中层水在南海中层的增加相关；Zeng L等[10]认为2012年南海表层淡化是由大量淡水输入和黑潮入侵减弱造成的，同时认为2012年后150 m层以上海水盐化主要是因为蒸发减少和黑潮入侵增强[11]；2016年，Nan等[12]研究发现1993—2012年南海100 m水深以上盐度以–0.012$yr^{-1}$的速度下降，淡化最大值发生在吕宋海峡西侧，并认为该淡化现象与黑潮入侵减弱相关；2019年，Chen等[13]发现2016—2017年南海表层整体盐化，且由南海东北部次表层向西南方向延展，分析认为这与黑潮入侵增强相关；2019年，Li等[14]通过分析Argo资料认为2005—2015年太平洋200 m以上海水盐度增大，这亦可能通过吕宋海峡的输送作用对南海东北部盐度产生影响。

入侵黑潮水与南海水团、环流及中尺度涡间的相互影响是不容忽视的。相对高密度的南海水对黑潮水具有一定的阻碍作用，使入侵的黑潮水主要盘踞在南海的东北部。但近几十年来，黑潮入侵强度有减弱趋势，这可能是导致南海东北部盐度下降的主要原因。

#### 1.2.3.3 黑潮入侵对南海中尺度涡的影响

南海多核涡结构的形成、演变与南海大尺度环流、次海盆尺度环流及中等尺度涡旋三者之间能量传输过程密切相关[78]。Wang等[15]基于2003年和2004年冬季在南海东北部调查，对SLA和SST图像并结合温度和盐度断面进行分析，发现了两个反气旋式涡旋，其中一个反气旋涡认为是在南海内部生成的，而另一个则是从“黑潮弯曲”脱落的。1994年夏秋季的航次观测结果表明，吕宋海峡西侧的反气旋涡中心水团呈现西太平洋和南海混合水的性质[35]，说明此处的涡旋可能由黑潮流轴脱落而成。由于黑潮脱落流环的西北侧临近大陆，而西南侧又面临突出的东沙群岛，导致200 m以下的流环中心位置，在近表层向东南偏离[1]。在吕宋海峡的西侧区域，由于该反气旋涡的存在，通常会带来下降流，并加速水团混合。刘长健等[8]认为西太平洋水从吕宋海峡进入南海后，沿着位于中国大陆以南的大陆坡深入南海腹地，并在海峡西侧形成一个显著的气旋式涡旋（即西吕宋冷涡），有利于西北太平洋次表层的高盐水入侵南海。Shu等[16-17]和Liu等[18]通过分析滑翔机在南海获取的温盐剖面，认为捕捉到的明显异于南海温、盐度的反气旋涡是从黑潮流环上脱离而来的。

由于黑潮的不稳定性，亦可在吕宋海峡西侧诱导产生气旋式涡旋。在黑潮入侵南海时，次表层40 ~ 70 m间存在速度最大值层，较大的流速导致强斜压不稳定，引起强斜压转换，从而导致南海东北部中尺度涡活跃。该速度最大值层是连接黑潮与南海中尺度涡的桥梁[79]。Li等[9]认为，夏季西太平洋水以中尺度涡的形式影响着南海，而秋季则是以陆坡流的形式入侵和影响南海。

## 1.3 拟解决的问题和主要研究内容

结合前人的研究工作，我们发现大部分研究集中在黑潮入侵的形式、黑潮入侵的季节变化和年际变化、黑潮入侵与南海东北部盐度变化的相关性，以及风应力、北赤道流分叉点位置、ENSO、PDO等因素对黑潮入侵造成的影响。但是，专门针对在吕宋海峡处台风对黑潮入侵南海的影响以及中尺度涡影响黑潮入侵南海的研究特别少，造成这个现象的主要原因是吕宋海峡附近数据的数量少、质量欠佳和时空不完整性。船测数据，准确率高但是经费昂贵且所测站点的时空分布十分有限；网站模式数据，一般是全球范围的，对每个区域的特定影响因素，如风场、流场，不能做到全面考虑。

结合上述现状，本书主要利用COAWST海洋-大气耦合模式分析了台风和中尺度涡对吕宋海峡两侧的温度、盐度、流场的影响，进而研究台风、中尺度涡对黑潮入侵南海的影响程度和影响历程，同时也分析了黑潮入侵强度和南海东北部次表层盐度变化的相关性，以及利用最优多参数分析法结合WOA18数据和CTD数据分析南海东北部的水团性质。出于以上研究目的，下面内容将分为以下几个部分：第二章，介绍了本书使用的数据信息、模式信息、计算方法和研究方法；第三章，选取台风“红霞”，利用COAWST模式主要研究分析了台风导致的黑潮主轴位置、流速、混合层变化，以及黑潮在南海的入侵程度和对南海东北部盐度、涡旋的影响；第四章，分析了多个不同强度、路径的台风对黑潮在南海的入侵程度的影响和对南海东北部盐度、流场的影响；第五章，利用COAWST模式模拟了所选典型北上反气旋涡对黑潮入侵的影响，分析了反气旋涡对黑潮主轴位置、流速变化的影响，以及黑潮在南海的入侵程度和对南海东北部盐度、温度、涡旋的影响；第六章，研究了黑潮对南海的水体、热、盐通量输入，南海水团性质和黑潮入侵强度的相关性，以及黑潮水对南海水的影响程度。

# 第二章

# 数据、方法及模式介绍

## 2.1 数据介绍

### 2.1.1 台风路径

本书使用数据来源为http://tcdata.typhoon.org.cn/。现行版本的CMA热带气旋最佳路径数据集提供1949年以来西北太平洋（含南海，赤道以北，180° E以西）海域热带气旋每6 h的位置和强度，按年份分别放在单独的文本文件中，以后将逐年增加。2017年起，对于登陆我国的台风，在其登陆前24 h时段内，最佳路径时间频次加密为3 h一次。2018年起，对于登陆我国的台风，在其登陆前24 h及在我国陆地活动期间，最佳路径时间频次加密为3 h一次。

### 2.1.2 Argo数据

本书所采用的Argo数据来源于中国Argo实时资料中心（http://www.argo.org.cn/）。中国Argo计划自2002年初组织实施至2019年，已经在太平洋和印度洋海域布放了460多个剖面浮标，建成了我国Argo大洋观测网，并建立了针对Argo 剖面浮标的资料接收、处理和分发系统，利用Argo资料开发了全球海洋Argo 网格数据集（BOA_Argo）、Argo三维网格资料（GDCSM_Argo）、全球海洋热含量数据集等多个数据产品，在一定程度上推动了国内海洋数据的共享进程。本书选取了滑翔机航线邻近的5902165_261浮标剖面与滑翔机数据对比验证，并且选取2003—2019年16° N ~ 23° N、113° E ~ 125° E区域间的8664个Argo剖面，研究吕宋海峡两侧的次表层盐度最大值分布。

### 2.1.3 滑翔机数据

本书采用的滑翔机CTD资料由中国科学院沈阳自动化研究所水下滑翔机研制团队提供。这些资料主要来自该团队研制的1000 m级海翼号水下滑翔机，于2015—2016年南海中北部和吕宋海峡以东海域执行的多个海试航次期间获取的。滑翔机在进行单组CTD测量（从海面至1000 m水深、再返回海面）时，其在下潜和上升期间的“锯齿”状运行中，可以分别获得两条CTD剖面：一条是由上（海面）而下（约1000 m水深）测量的，另一条则是由下（约1000 m深度）而上（海面）观测的。虽然两个剖面在1000 m深处几乎重合，但在海面处，两条相邻剖面的间距为4000 m左右。此外，当滑翔机开始下潜或从水下上升到达海面时，可获得GPS定位和时间记录[80]。

### 2.1.4 CTD数据

该航次数据由中国科学院海洋研究所提供，时间为2014年11月4日—12月8日。为了解西北太平洋与南海水交换特征及黑潮与中国近海水交换过程，在南海东沙群岛以东，沿着20° N设计了一条从南海穿过吕宋海峡中部，一直延伸到西太平洋130° E位置的航线。

### 2.1.5 海面高度异常和地转流速数据

本书采用的海面高度异常数据（SLA）和地转流数据（ugos、vgos）来自欧盟哥白尼海洋服务中心（https://cds.climate.copernicus.eu/cdsapp#!/dataset/satellite-sea-level-global?tab=overview），时间分辨率为1d，空间分辨率为0.25°×0.25°。

### 2.1.6　吕宋海峡流速数据

为计算吕宋海峡处的水体输运，采用海洋再分析数据SODA月平均数据（http://dsrs.atmos.umd.edu/DATA/soda3.4.2/REGRIDED/ocean/），空间分辨率为1°×0.33°。以120.5°E断面处的流量来研究吕宋水体输运情况。

### 2.1.7　WOA18数据

采用由海洋气候实验室（Ocean Climate Laboratory，OCL）提供的WOA18实测数据处理资料（网址为https://www.ncei.noaa.gov/access/world-ocean-atlas-2018/），本书使用了其中多年气候态平均的温度和溶解氧数据，数据空间分辨率分别为0.25°×0.25°和1°×1°。

## 2.2　方法及模式介绍

### 2.2.1　COAWST数据模式介绍

区域海洋-大气-海浪耦合数值模式描述了中尺度大气、三维海洋以及海表波浪三种不同时空尺度、不同物理性质的运动过程：大气、海洋均为地球流体，其运动遵循地球流体运动控制方程；海浪是发生在海气界面上的一种小尺度波动，其运动遵循波动的发展和传播规律。本书研究台风过程中海洋-大气-海浪之间的相互作用采用的数值模式为海洋-大气-海浪-沉积物输运（COAWST，Coupled Ocean-Atmosphere-Wave-Sediment Transport）耦合模式系统[81-83]。COAWST耦合模式系统使用了较为成熟的数值模式子模块和数值模式耦合技术，由海洋、大气、海浪、沉积物输运模块以及耦合器组成。

近年来，相关学者采用COAWST 耦合模式对台风的模拟能力进行了评估分析，结果显示该模式在全耦合状态下模拟的台风路径和强度虽然与观测有所偏差，但是在移动方向与强度变化趋势上比较一致，总体来看COAWST耦合模式对台风路径和强度的模拟结果与观测数据吻合度较高[81-82，84]。COAWST模型各子模式耦合示意图如图2-1所示。

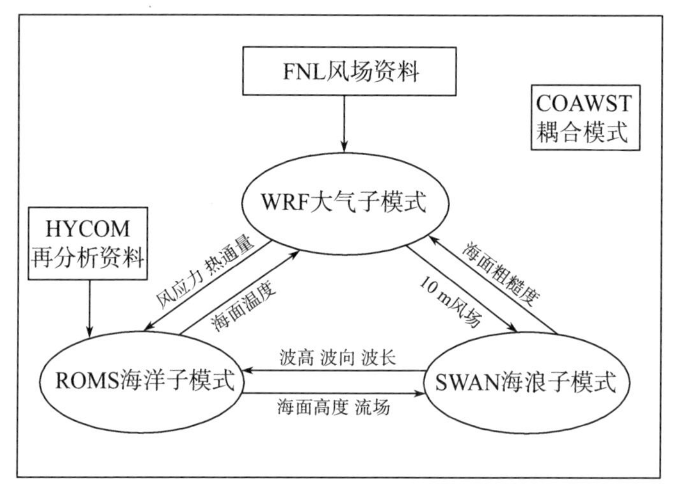


图2-1 COAWST模式耦合过程图

（1）大气数值模式介绍

COAWST 耦合模型系统的大气数值子模型是WRF（Weather Research and Forecasting Model）模式。WRF模式是由美国环境预报中心（NCEP），美国国家大气研究中心（NCAR）以及多个大学、研究所和业务部门联合研发的一种统一的中尺度天气预报模式。WRF模式为完全可压缩、非静力模式，用具有守恒性的变量的通量形式表示为

$$\frac{\partial U}{\partial t}+(\nabla \cdot Vu)-\frac{\partial}{\partial x}\left(p\frac{\partial \varphi}{\partial \eta}\right)+\frac{\partial}{\partial \eta}\left(p\frac{\partial \varphi}{\partial x}\right)=Fu \tag{2-1}$$

$$\frac{\partial V}{\partial t}+(\nabla \cdot Vv)-\frac{\partial}{\partial y}\left(p\frac{\partial \varphi}{\partial \eta}\right)+\frac{\partial}{\partial \eta}\left(p\frac{\partial \varphi}{\partial y}\right)=Fv \tag{2-2}$$

$$\frac{\partial W}{\partial t}+(\nabla \cdot Vw)-g\left(\frac{\partial p}{\partial \eta}-u\right)=Fw \tag{2-3}$$

$$\frac{\partial \theta}{\partial t}+(\nabla \cdot V_{\theta})=F_{\theta} \tag{2-4}$$

$$\frac{\partial \mu}{\partial t}+(\nabla \cdot V)=0 \tag{2-5}$$

$$\frac{\partial \varphi}{\partial t}+\frac{1}{\mu}[(V \cdot \nabla \varphi)-gW]=0 \tag{2-6}$$

诊断关系，即“静力平衡”关系为

$$\frac{\partial \varphi}{\partial \eta}=-\alpha\mu \tag{2-7}$$

$$p=p_0(R_d\theta/p_0\alpha)^{\gamma} \tag{2-8}$$

在时间积分方面采用三阶或者四阶的Runge-Kutta算法，RK3方案对中央差分以上风平流方案都具有较好的稳定性。其稳定时间步长大小比二阶蛙跃式时间步长方案要大2～3倍，可以节省机时。

水平方向采用荒川C（Arakawa C）网格点。垂直方向则采用地形跟随质量坐标：

$$\eta=(p_h-p_{ht})/\mu \tag{2-9}$$

其中，$\mu=p_{hs}-p_{ht}$，$p_h$表示气压，$p_{ht}$和$p_{hs}$分别表示顶层气压和地面气压，模式顶用定常气压面表示。

（2）海洋模式介绍

COAWST 耦合模型系统的海洋数值子模型是ROMS（Regional Ocean Modeling System）模式。ROMS是一个开源的三维区域海洋模型，由罗格斯大学（Rutagers University）海洋与海岸科学研究所与加州大学洛杉矶分校（UCLA）两校共同研究开发，被广泛应用于海洋及河口地区的水动力及水环境模拟。ROMS是在垂向静压近似和Boussinesq假定下，按照有限差分近似求自由表面Reynolds平均的原始Navier-Stokes方程。模型在水平方向使用荒川C网格，垂直方向采用地形拟合的可伸缩坐标系统（S坐标系），并针对不同应用提供多种垂向转换函数和拉伸函数。为了能够更好地模拟波流共同作用，Warner等已经将三维辐射应力项加入运动方程，来模拟近岸波浪运动对水动

力的影响。在水平笛卡尔坐标系与垂向σ坐标系下，动量方程为

$$\frac{\partial(H_zu)}{\partial t}+\frac{\partial(uH_zu)}{\partial x}+\frac{\partial(vH_zu)}{\partial y}+\frac{\partial(\Omega H_zu)}{\partial s}-fH_Zv=$$

$$-\frac{Hz}{\rho_0}\frac{\partial p}{\partial x}-H_zg\frac{\partial \eta}{\partial x}-\frac{\partial}{\partial s}\left(\overline{u'w'}-\frac{v}{Hz}\frac{\partial u}{\partial s}\right)-\frac{\partial(H_zS_{xx})}{\partial x}-\frac{\partial(H_zS_{xy})}{\partial y}+\frac{\partial S_{px}}{\partial s} \quad (2-10)$$

$$\frac{\partial(H_zv)}{\partial t}+\frac{\partial(uH_zv)}{\partial x}+\frac{\partial(vH_zv)}{\partial y}+\frac{\partial(\Omega H_zv)}{\partial s}-fH_Zu=$$

$$-\frac{Hz}{p_0}\frac{\partial p}{\partial x}-H_zg\frac{\partial \eta}{\partial y}-\frac{\partial}{\partial s}\left(\overline{v'w'}-\frac{v}{Hz}\frac{\partial v}{\partial s}\right)-\frac{\partial(H_zS_{yx})}{\partial x}-\frac{\partial(H_zS_{yy})}{\partial y}+\frac{\partial S_{py}}{\partial s} \quad (2-11)$$

$$0=-\frac{1}{\rho_0}\frac{\partial p}{\partial s}-\frac{g}{\rho_0}H_z\rho \quad (2-12)$$

其中，$\Omega$表示垂向流速，$\eta$表示海平面的相对水位，$H_z$表示单元格高度，垂向坐标$s=(z-\eta)/(h+\eta)$，$h$表示平均水深，$S$表示应力项，$\rho$表示海水密度，$\rho_0$表示参考密度。

ROMS在描述边界层时有两种方法：一是简单的摩阻系数方法，二是更为复杂的考虑波流相互作用的方法。摩阻系数法：$\tau_{kx}=(\gamma_1+\gamma_2\sqrt{u^2+v^2})u$，$\tau_{ky}=(\gamma_1+\gamma_2\sqrt{u^2+v^2})v$；对数底摩阻法：$\tau_{kx}=\frac{\kappa^2u\sqrt{u^2+v^2}}{\ln 2(z/z_0)}$，$\tau_{ky}=\frac{\kappa^2v\sqrt{u^2+v^2}}{\ln 2(z/z_0)}$。

ROMS基于Mellor的三维波流方程，在控制方程中加入了三维辐射应力项，来模拟近岸区的波流相互作用。

水平辐射应力：

$$S_{xx}=kE\left(\frac{k_xk_x}{k^2}F_{CS}F_{CC}+F_{CS}F_{CC}-F_{SS}F_{CS}\right)+\frac{k_xk_x}{k}\frac{c^2}{L}A_RR_z \quad (2-13)$$

$$S_{xy}=S_{yx}=kE\left(\frac{k_xk_y}{k^2}F_{CS}F_{CC}\right)+\frac{k_xk_y}{k}A_RR_z \quad (2-14)$$

$$S_{yy}=kE\left(\frac{k_yk_y}{k^2}F_{CS}F_{CC}+F_{CS}F_{CC}-F_{SS}F_{CS}\right)+\frac{k_yk_y}{k}\frac{c^2}{L}A_RR_z \quad (2-15)$$

三维辐射应力中垂向辐射应力：

$$S_{px}=(F_{CC}-F_{SS})\left[\frac{F_{SS}}{2}\frac{\partial E}{\partial x}+F_{CS}(1+s)E\frac{\partial(kD)}{\partial x}-EF_{SS}\coth(kD)\frac{\partial(kD)}{\partial x}\right] \tag{2-16}$$

$$S_{py}=(F_{CC}-F_{SS})\left[\frac{F_{SS}}{2}\frac{\partial E}{\partial y}+F_{CS}(1+s)E\frac{\partial(kD)}{\partial y}-EF_{SS}\coth(kD)\frac{\partial(kD)}{\partial y}\right] \tag{2-17}$$

其中，$F_{ss}=\frac{\sinh[kD(1+s)]}{\sinh kD}$，$F_{cs}=\frac{\cosh[kD(1+s)]}{\sinh kD}$，$F_{sc}=\frac{\sinh[kD(1+s)]}{\cosh kD}$，$F_{cs}=\frac{\cosh[kD(1+s)]}{\cosh kD}$。

ROMS水平采用了正交曲线网格，即C网格，并提供多种边界形式，包括开边界、周期边界和封闭边界。

模式运行时，需设置合适的拉伸系数来设置特定分层。为使深度范围有足够的分辨率，我们在1000 m以上选取了20个分层：2.2 m、6.8 m、12.2 m、18.7 m、26.9 m、37.6 m、51.5 m、69.4 m、92.0 m、119.5 m、151.8 m、188.8 m、230.9 m、279.5 m、336.8 m、406.2 m、491.6 m、598.1 m、731.7 m、900.0 m。ROMS中使用的初始和边界条件来源于HYCOM/NCODA系统。通过海军耦合海洋数据同化（NCODA）系统，所有可用的卫星高度计观测、卫星和现场海表温度以及现场温度、盐度剖面都被同化。因此，它为我们的模型仿真提供了一个相对真实的初始条件。

（3）海浪模式介绍

COAWST 耦合模型系统的海浪数值子模型是SWAN（Simulating Waves Nearshore）模式。该模式是由代尔夫特科技大学研制发展起来的第三代近岸海浪数值计算模式，现已逐渐成熟并得到广泛应用。SWAN模式采用基于能量守恒原理的平衡方程，除了考虑第三代海浪模式共有的特点外，它还充分考虑了模式在浅海模拟的各种需要。首先，SWAN模式选用了全隐式的有限差分格式，无条件稳定，使计算空间网格和时间步长上不会受到牵制；其次，该模式在平衡方程的各源项中，除了风输入、四波相互作用、破碎和摩擦项等，还考虑了深度破碎的作用和三波相互作用。平衡方程：

$$\frac{\partial}{\partial t}N+\frac{\partial}{\partial x}C_xN+\frac{\partial}{\partial y}C_yN+\frac{\partial}{\partial \sigma}C_\sigma N+\frac{\partial}{\partial \theta}C_\theta N=\frac{s}{\sigma} \tag{2-18}$$

其中，$N$表示波作用量，$S$表示源汇项，$C$表示波浪传播速度。式（2−18）左边第一项为$N$随时间的变化率，第二项和第三项表示$N$向$x$、$y$方向上的传播，第四项表示由于流场和水深的不同所导致的$N$在$\sigma$空间的变化，第五项表示$N$在$\theta$空间的传播，即不同水深及流场所导致的折射作用；方程右边的$s$为基于谱密度代表的源汇项，包含风能输入、波与波之间非线性相互作用以及由于底摩擦、白浪、破碎等所导致的能量耗散；$C_x$，$C_y$，$C_\sigma$，$C_\theta$分别表示在$x$、$y$、$\sigma$和$\theta$空间的波浪传播速度。

波浪对海气通量传递有重要影响。波浪状态会改变海表面的粗糙度，进而在动力学和热力学上影响海气界面间的能量传递。在COAWST耦合系统中，考虑了上述影响。将WRF计算得到的海表面10 m处风场用于驱动SWAN模型计算。在模式耦合时，SWAN结果能够改善WRF边界层参数化方案中海表面粗糙度的计算方法。海表面粗糙度在COAWST海气耦合模式中十分重要，COAWST在全耦合状态下将海浪的作用结果考虑进来，海表面的粗糙度计算选用TY[85]参数化方案：

$$\frac{z_0}{H_s}=A_1\left(\frac{H_s}{L_p}\right)^{B_1} \tag{2-19}$$

其中，$H_s$表示最大波高，$L_p$表示波浪周期，$A_1$可取1200，$B_1$可取4.5。

在计算波流耦合作用时，由大气子模型计算得到的海面风应力提供动力来驱动海流模型运行，所以，在海流子模型计算中，该模式考虑了波浪效应（主要是波浪应力）的作用。另外，将由海流模型计算的海表面流结果在耦合交换时传递给海浪模型，并将其与海面风场一起作为海浪模式的强迫场来驱动波模式的运行，从而引入海流对波浪的影响。

（4）COAWST 耦合插值模块介绍

a. 海气耦合物理框架

台风过境时，海气相互作用非常显著，台风强风场强迫会产生剧烈扰动，导致上层海洋与台风的强混合，使得上层海洋海表面温度下降，混合增强，混合层深度及厚度发生明显改变。台风往往会引起强烈的Ekman抽吸现象，产生上升流，导致温跃层、盐跃层抬升；此外台风引起的“热泵”效应也会导致海洋次表层升温，从而引起过境海域温盐流三维结构产生巨大的改变。此外海洋与台风相互作用，通过SST不断地对台风强度产生影响，而台风又反过来影响海洋海表面温度，所以，COAWST耦合模式在海洋与大气耦合过程中，考虑了海表面温度与热通量在海气相互作用之间的影响。

在耦合过程中，大气子模式将计算得出的底边界动量通量（风应力）、热通量（包括显热通量和潜热通量）以及辐射通量（包括长波和短波辐射通量）作为海洋模式的上边界条件强迫场，而海洋子模式将海表面温度反馈给大气子模式。每一次耦合交换各个物理量都将进行一次相互传递。具体运算过程中，实施方法：当模式识别到WRF模式下垫面介质为海水时，用ROMS上边界温度即SST代替WRF模式底边界温度。在每次耦合计算时，实时更新海表面温度，并在每个步骤上对网格做线性插值处理。另外，将WRF大气子模式的底边界通量作为海洋ROMS子模式上边界通量强迫场，在耦合运算时不断更新至下一时刻的新数据。此外，假设海洋水蒸发速率等于大气降水速率，即两者保持平衡，忽略水蒸气和盐度在$z$方向的垂直输运。

b. 耦合技术方案

COAWST耦合模型采用MCT耦合器进行耦合，MCT耦合器是由美国能源部发起，其官方网站为http://www.mcs.anl.gov/acpi/mct. MCT耦合器基于Fortran90编译，该程序分为多个程序模块。MCT可以同时支持单个或者多个变量之间进行相互传递，这些变量类型包括整数变量和实数变量。在进行耦合计算时，MCT耦合器可以统筹分配给各个模式不同的工作进程，使其独立工作，在需要交换数据时再提供满足条件的数据交换协议。

MCT耦合器可以同时支持并行以及串行工作。并行操作通过多点接口（Multi-Point Interface，MPI）完成。并行计算需要可靠高效的信息传递机制，也就是在执行并行操作时通过信息传递来完成信息交换、进程协调以及执行命令。只有保证消息传递的灵活性和命令执行的多样性，才能保证程序执行高效可靠。而MPI恰好有一套高效方便的消息传递接口，可以为并行运算提供接口标准与运算基础。MPI基于一种独立的语言定义该接口，并方便C、FORTRAN和Java调用。MPI的通信功能包括MPI初始化（MPI_INIT）、获取通信域中的进程数（MPI_COMM_SIZE）、获取通信域中进程的标识号（MPI_COMM_RANK）、发送消息（MPI_SEND）、接收消息（MPI_RECV）和MPI终止（MPI_FINALIZE）。基于这些功能，可以利用MPI大大提升执行多个进程时的数据纯属交换与同步控制的效率。该方法在COAWST海气耦合模式得到了充分应用。

c. 插值及耦合

由于中尺度大气、海洋及海浪的运动性质不同，各子模式所描述的运动时空尺度也不同，三个子模式采用的网格、 空间分辨率以及积分时间步长也有所差异。COAWST 耦合模式系统中 ROMS 与 SWAN 采用同一网格，WRF 采用独立网格。为了便于三个模式之间的数据传输，COAWST 耦合模式系统采用了SCRIP插值工具包（Spherical Coordinate Remapping Interpolation Package）。

（5）模式设置及初边界数据资料

WRF大气子模型垂向分辨率设置为29层，水平空间分辨率为9 km。参数化方案选择WSM3微物理方案，RRTM长波辐射和Dudhia短波辐射方案，MM5相似理论表面层方案，YSU行星边界层方案，以及Kain-Fritsch积云对流方案。ROMS海洋子模型垂向上设置为20层，水平空间分辨率为9 km，表层拉伸系数4.0，底层拉伸系数0.1，垂向混合选择GLS参数化方案。海浪模式

SWAN模式采用与ROMS完全相同的网格，粗糙度采用Taylor and Yelland 参数化方案。模式间的网格权重插值采用SCRIP工具包。大气子模型初始场、边界场采用NCEP网站提供的FNL再分析数据，时间分辨率为6 h，水平空间分辨率为1°×1°。海洋初始场和边界场采用HYCOM网站提供的0.083°×0.083°的同化数据，地形采用ETOPO1数据。模式时间设置：积分DT为60 s，耦合交换DT为600 s。

### 2.2.2　Argo、滑翔机数据处理方法

本书引用刘增宏的滑翔机数据处理方法[86]。为了方便计时，滑翔机在水下的持续运行时间通常采用UNIX纪元时间，即自1970年1月1日（午夜UTC/GMT）以来经过的秒数。因此，在处理由滑翔机观测的CTD数据之前，均需将CTD测量和GPS定位的所有日期、时间信息都转换成UNIX纪元时间。同时，还采用了与Argo数据基本相同的处理流程[87–93]，以及类似于Argo剖面数据的标准化处理方法[94–98]。

#### 2.2.2.1　**电导率异常检测**

盐度是由海翼水下滑翔机上安装的GPCTD传感器获取的电导率、温度和压力值计算而来，因此，检测和排除因滑翔机自身状态或生物污染导致的电导率异常是必要的。当滑翔机刚开始下潜或上升结束时，CTD传感器暴露于空气中会导致电导率异常。以下三项测试用于检测电导率异常。

（1）电导率传感器测量范围

该项测试用于检测电导率剖面中存在超过传感器测量范围（即0～6 S·m$^{-1}$）的明显错误。如果未通过此项检测，则该电导率值及其所对应的温度数据，均应标记为坏数据，不再计算该深度上的盐度。

（2）毛刺异常

应首先将滑翔机测量周期分为下潜和上升两个阶段，分别得到2个测量剖面。不考虑压力变化，并假设测量数据可充分再现电导率随压力的变化。

如果之前没有标记，且满足

$$|C(i)-(C(i+1)+C(i-1))/2|-|(C(i+1)+C(i-1)/2)|>K \tag{2-20}$$

式（2−20）中，$C$为电导率，$i$为剖面从开始至结束的压力层序列号，$K$=0.15 S·m$^{-1}$（$Z(i)<500$ dbar）或$K$=0.02 S·m$^{-1}$（$Z(i)\geqslant 500$ dbar），$Z$为压力，则应将电导率值$C(i)$标记为坏数据。

（3）滑动标准差

滑动标准差算法由美国IOOS滑翔机数据中心提出。对于每一个从4到N−3（N是数据总数）的$i$，计算9个连续点（如果之前未标记为坏数据）平均值Cave（$i$）和标准差Cstd（$i$）。如果相邻点之间的时间间隔大于30 s或深度间隔大于5 dbar，则不在计算中使用其前一点和后一点数据。对于时间序列的第一组（或最后一组）四个点，计算所得的平均值和标准差为第5（N−4）个数值。

如果之前没有标记，且满足

$$|C(i)-\mathrm{Cave}(k)|>2.2\times Cstd(i) \text{ 和 } |C(i)-Cave(k)|>0.001\ \mathrm{S\cdot m^{-1}} \tag{2-21}$$

则应将电导率值$C(i)$标记为坏数据（0.001 S·m$^{-1}$是GPCTD电导率最小分辨率）。

#### 2.2.2.2 热滞后校正

由于滑翔机电导池具有一定容积，可储存热量，需要等待一定的时间才能使其温度与周围海水保持一致，但电导池内部水温的微小变化会导致盐度出现较大误差，尤其是在温跃层内。在对滑翔机观测数据进行质量控制之前，须先进行热滞后校正。其方法由Lueck和Picklo提出[99]，将电导率校正值（$C_T$）表示为

$$C_T(n)=-bC_T(n-1)+\gamma a[T(n)-T(n-1)] \tag{2-22}$$

式（2−22）中，$n$是样本索引，$T$是温度，γ是传感器制造商给出的电导率对

温度的灵敏度。系数$a$和$b$的表达式为

$$a=\frac{4f_n\alpha\tau}{1+4f_n\tau} \tag{2-23}$$

$$b=\frac{1-2a}{\alpha} \tag{2-24}$$

式（2−23）中，$f_n$是Nyquist采样频率，$\alpha$和$\tau$分别是误差幅度和时间常数。$\alpha$和$\tau$均取决于通过电导池的水流速度。对于传统的船载CTD仪，因其下放速度由手动控制，所以通过电导池的水流速度基本上是恒定的。为此，Morison等[100]提出，$\alpha$和$\tau$可以表示为

$$\alpha=0.0135+\frac{0.0264}{V} \tag{2-25}$$

$$\tau=7.1499+2.7858/\sqrt{V} \tag{2-26}$$

两式中，$V$是海水通过电导池的平均速度（$\mathrm{m\cdot s^{-1}}$）。考虑到滑翔机下潜和上升的速度变化，Garau等[101]给出的表达式为

$$\alpha(n)=\alpha_0+\frac{a_S}{V(n)} \tag{2-27}$$

$$\tau(n)=\tau_0+\tau_S/\sqrt{V(n)} \tag{2-28}$$

两式中，下标0和$s$分别表示偏移量和斜率。这里参数$\alpha_0$、$a_S$、$\tau_0$和$\tau_S$等的取值准确与否，直接关系到热滞后校正的结果。Garau 等[101]采用滑翔机下潜和上升期间处于相同性质水团（假设水平平流较小）内的假设，提出了一种可以通过连续观测（下潜和上升）的两条$T$–$S$曲线间面积的目标函数最小化，来确定这些参数值的实用方法。热滞后校正之后，就可以利用海水状态方程[102]，计算出对应电导率、温度和压力层上的盐度值。

在非均匀水层（如跃层、锋面）中，由于电导池中海水温度与周围海水间存在较大的差异，从而会导致显著的盐度误差。在水体性质比较均匀的水域或者弱温跃层区域，其热滞后效应几乎可以忽略不计。因此，需要对温度梯度较大的观测剖面进行热滞后校正。这里，假定$\alpha$和$\tau$的初始值分别为0.0677

和11.1431[103-104]，$V$取为0.4867 m·s$^{-1}$（GPCTD用户手册中给出的恒定流速），再进行热滞后校正。温跃层处校正效果比较明显，其中，盐度可被校正约-0.3，这与Garau等[101]得到的结果一致。

#### 2.2.2.3 CTD剖面数据实时质量控制步骤

在国际Argo计划中，针对剖面浮标测量的CTD数据进行实时质量控制时，采用了多个检测步骤，包括检测剖面位置、日期和时间、漂移速度、密度倒转、冻结剖面、全局/区域范围、最大压力以及温、盐剖面的毛刺和梯度等。

采取的检测步骤主要有如下10项。

（1）观测时间

此检测要求滑翔机下潜/上升剖面的儒略日（JULD）晚于2010年1月1日，同时早于当前检测日期（UTC时间）。若JULD等于自1970年1月1日以来经过的天数，则当JULD＜14610或JULD＞检测日期时，滑翔机数据文件的日期未通过此检测，该数据文件的日期标记为坏数据，文件中的所有数据均不可用。

（2）地理位置

首先，滑翔机剖面的经纬度应分别处于在-180°～180°和-90°～90°范围内。如果经度或纬度未通过此检测，则将该数据文件标记为坏数据，文件中的所有数据均不可用。

其次，观测剖面位置应位于海洋中。检测使用了分辨率小于5′的全球海底地形数据库（ETOPO5/TerrainBase），如果剖面位置不在海洋中，则将该数据文件标记为坏数据。

（3）压力范围

海水中的压力值应大于0 dbar。如果压力未通过此检测，则将压力及其相应的温度和盐度标记为坏数据。此外，若已知滑翔机预设的最大剖面观测深度（DEEPEST_PRES），则可进行最大压力检测，剖面的压力值不应大于DEEPEST_PRES的1.1倍，若超过了，则相应的温度、盐度值均标记为坏数据。

（4）温度、盐度全局范围

该项检测可根据观测海域的实际情况确定，最小、最大温度、盐度的分布范围，须适合海洋中预期可能发生的所有极端情形。通常情况下，温度范围可以确定为–2.5℃～40.0℃，盐度范围为0～41.0。

（5）温度、盐度值不变的（冻结）剖面

如果剖面上最大值和最小值之差小于CTD传感器的分辨率，即$\max[T(i)]-\min[T(i)]<0.001$℃和$\max[S(i)]-\min[S(i)]<0.001$，则剖面上的每个点都标记为坏数据，其中，$T$和$S$分别是温度和盐度，$i$为剖面从开始至结束的压力层序列号。

（6）温度、盐度异常剖面（或称“毛刺”）

对于温度$T(i)$而言，如果之前没有标记，且满足

$$|T(i)-(T(i+1)+T(i-1))/2|-|(T(i+1)-T(i-1))/2|>K \tag{2-29}$$

式（2–29）中，$K=6$℃（$Z(i)<500$ dbar）或$K=2$℃（$Z(i)\geqslant 500$ dbar），$Z$为压力，则应将$T(i)$标记为坏数据。

对于盐度（$S(i)$），如果之前没有标记，且满足

$$|S(i)-(S(i+1)+S(i-1))/2|-|(S(i+1)-S(i-1))/2|>K \tag{2-30}$$

式（2–30）中，$K=1.0$ psu［$Z(i)<500$ dbar］或$K=0.5$ psu［$Z(i)\geqslant 500$ dbar］，则应将$S(i)$标记为坏数据。

在对CTD剖面的实际检测过程中，发现通过上述检测，在剖面中还会遗留一些毛刺。为此，我们引用了由法国Coriolis资料中心的D.Dobler博士在第20次Argo资料管理组会议（2019）上提出的MEDD检测方法[86]，即根据不同深度设置温度、盐度和密度的变化阈值，得到不同深度上的滑动中值和阈值边界，然后计算观测值与对应深度上滑动中值的距离，若超出阈值则该观测值为毛刺。检测温度和盐度剖面时都须结合密度剖面。如果在密度和温度

（或盐度）分布图上均检测到毛刺，则将该观测值（毛刺）标记为坏数据。该方法的优点在于：深度分层更精细，阈值设定更准确；由于剖面数量有限，某些真实的海洋特征显得有些突兀，在检测时结合密度变化，可避免毛刺误判。

（7）温度、盐度垂直梯度

垂向上，相邻测量值之间的梯度太大时，梯度检测失败。该检测不考虑压力差异，并假设采样数据可充分再现温度和盐度随压力的变化。

对于温度，如果之前没有标记，且满足

$$|(T(i+1)-T(i))/(Z(i+1)-Z(i))|>K \tag{2-31}$$

式中，$K$=2℃ dbar$^{-1}$（$Z(i+1)\leqslant 5$ dbar），$K$=8℃ dbar$^{-1}$［5dbar$<Z(i+1)\leqslant 500$ dbar］，$K$=2℃ dbar$^{-1}$［$Z(i+1)>500$ dbar］，则应将$T(i)$和$T(i+1)$标记为坏数据。

对于盐度，如果之前没有标记，且满足

$$|(S(i+1)-S(i))/(Z(i+1)-Z(i))|>K \tag{2-32}$$

式2-32中，$K$=0.3 psu dbar$^{-1}$［$Z(i+1)\leqslant 5$ dbar］，$K$=1.7 psu dbar$^{-1}$［5 dbar $<Z(i+1)\leqslant 500$ dbar］，$K$=0.1 psu dbar$^{-1}$［$Z(i+1)>500$ dbar］，则应将$S(i)$和$S(i+1)$标记为坏数据。

（8）滑动标准差

对于温度，如果之前没有标记，且满足

$|T(i)-T_{ave}(k)|>2.2\times T_{std}(i)$和$|T(i)-T_{ave}(k)|>0.001$℃（GPCTD的温度分辨率），则应将$T(i)$标记为坏数据。

对于盐度，如果之前没有标记，且满足

$|S(i)-S_{ave}(k)|>2.2\times S_{std}(i)$和$|S(i)-S_{ave}(k)|>0.001$ psu（GPCTD的盐度分辨率），则应将$S(i)$标记为坏数据。

（9）密度倒转

在密度倒转（即上层海水密度大于下层）检测之前，首先应计算出CTD

剖面的位势密度（位密），而不是通常所用的条件密度；然后，从浅至深进行检测，若当前层$Z$（$i$）密度减去下一层$Z$（$i$+1）密度大于阈值（0.03 kg·m$^{-3}$），则将这两个层上的温度和盐度值均标记为坏数据。

（10）垂向速度

该项测试是要确保CTD数据是在水下滑翔机运行良好的情况下获取的。研究表明，海翼水下滑翔机的平均垂向速度不低于0.1 m·s$^{-1}$[86]。这里我们定义滑翔机垂向速度的阈值为0.03 m·s$^{-1}$。若计算出的剖面垂向速度小于0.03 m·s$^{-1}$，则除了10 dbar以浅的和比最大剖面深度浅10 dbar内的温度、盐度值以外，其余所有温度、盐度值均应标记为坏数据。

### 2.2.3　最优多参数分析法

最优多参数分析法（OMP）最早是由Matthias Tomczak[105]在分析温盐场时提出的。该方法的中心思想是用一些典型的海洋要素如温度、盐度、溶解氧和叶绿素等的特征值来代表各个水团，利用线性方程组来定量求解水团在混合水团中的混合比例。

早期的最优参数分析方法假定某海域能使用多个水团特征值的线性组合计算得到。该方程要求$n$–1个方程为观测的海洋要素的守恒方程，剩下一个是质量守恒方程，多个特征值的混合比例就是方程组的精确解，但是在测量误差较大时，这种方法精确解也存在较大误差，甚至有时会得出负的混合比，这显然是不符合实际的。后来Tomczak建议在要素过多时，使用最小二乘法求解方程组，之后的研究者做了一系列研究，并逐步完善，形成了扩展的最优多参数分析法（Extended OMP Method）。

在详细介绍最优参数分析法前，我们需要明确水团与水型定义的区别。水团可以定义为具有相同历史的水体；水型是要素空间上一点，符合水团在数学定义上的严格的函数关系的称为源水型。水型是人为定义的，在实际中可以用很少的水型代表水团，即是前文中提到用特征值表示水团。最优参数分析法假定所有水团都可以通过不同水型的线性组合得到，其所有水型的混合都是线性的。

用水型表示水团混合的线性方程为

$$Gx-d=\boldsymbol{R} \tag{2-33}$$

公式（2−33）中$G$为一个矩阵，包含温度、盐度和溶解氧等定义多个水型的要素值。$d$为一个矢量，包含观测得到的所求混合水团区域的水样要素值。$x$即为所求的混合比例，$\boldsymbol{R}$为方程残差矢量。求解最优参数分析法关键即是找到满足$\boldsymbol{R}$最小的方程的特定条件。

现在常采用最小二乘法来使$\boldsymbol{R}$最小，由于$x$需为正值，假设$x$中包含$m$个海洋要素，求最优解即求在满足$m$个非负的约束条件下最小的残差值，而且一定存在一个解可以使残差值最小。

在实际的海洋问题中，由于不同海洋要素的范围、测量误差都不一致，产生的残差值不同，所以不同的海洋要素就需要不同的权重。将权重看成一个对角矩阵$W$，则有：

$$\begin{aligned}\boldsymbol{R}^{\mathrm{T}}\boldsymbol{R}&=(\boldsymbol{G}x-\boldsymbol{d})^{T}\boldsymbol{W}^{T}\boldsymbol{W}(\boldsymbol{G}x-\boldsymbol{d})\\&=\sum_{j=1}^{m}\boldsymbol{W}_{j}^{2}\left(\sum_{i=1}^{n}\boldsymbol{G}_{ji}x_{i}-\boldsymbol{d}_{j}\right)^{2}\end{aligned} \tag{2-34}$$

权重反映的是各要素之间的测量精度，守恒程度以及其他可能造成的可靠性等的差异，水型要素矩阵$G$与权重矩阵$W$都要求经实测数据计算得出。

海洋中一些小区域范围内的近岸水团或者深海水团的海水物理性质十分接近，温度、盐度等要素值较为一致，因此，可以用一个源水型和一定的分散误差来代表该水团，这表明了用观测要素的方差矩阵来定义权重是可行的。实际观测中，盐度和温度的测量值方差很大程度上受到环境变化的影响，如果能够准确地测量出环境要素变化和精确度范围，权重就可以得到更客观的计算，从而残差可以更好地指示最优解的质量。权重矩阵$\boldsymbol{W}$由观测要素的方案得到，一般情况下，温度和盐度测量往往具有比其他要素值更高的精度、更小的方差，所以温、盐权重往往是最大的，最优参数分析法也往往包含温度和盐度要素。

要求得最优解，首先要建立表示水团的源水型矩阵$\boldsymbol{G}$。首先绘制出水团源区水体温度和其他要素分布图，确定温度范围使得温度和其他要素的线性关系。这个范围的端点可以认为是水型的温度值。然后，利用温度的范围和其他要素的线性关系就可以得出其他要素数值及要素方差。最后，再计算出温度范围内所有水型的要素值和质量守恒，就得到水型矩阵$\boldsymbol{G}$。

确定权重矩阵$W$需要计算得到所有要素和质量守恒的方差。温度方差由温盐关系得来[106]。理论上其他要素方差也可以基于这种方法计算，但是在实际问题中，由于标准化的温盐要素方差值远小于其他要素的方差值，为了便于不同单位的要素之间的比较，需要对要素值做标准化无量纲的处理。标准化之后就是无良的要素，公式为

$$G'_{ji}=(G_{ji}-G_j)/\sigma_j \quad (2\text{-}35)$$

其中，

$$G_j=\frac{1}{n}\sum_{i=1}^{n}G_{ji} \quad (2\text{-}36)$$

$$\sigma_j=\sqrt{\frac{1}{n}\sum_{i=1}^{n}(G_{ji}-G_j)^2} \quad (2\text{-}37)$$

质量守恒的权重无法基于这种方法计算，所以一般选择所有权重中的最大值（一般为温度）作为权重值。

最后，即使得出了非负的线性混合的最优解，依然要通过残差来判断该解能否较为真实地反映实际情况。

# 第三章

# 台风“红霞”对吕宋海峡附近黑潮的影响

台风是比较特殊又强劲的天气现象。西北太平洋是发生台风的主要区域，当台风中心经过黑潮主轴时，会对黑潮自身特征以及黑潮对南海的影响产生重要作用。本章分析了台风“红霞”对黑潮主轴流速、位置移动等方面的影响，以及台风对黑潮入侵南海的影响和黑潮水在南海东北部的影响。台风中心经过黑潮主轴时会导致黑潮流速急剧增大，后续因为台风引起的强海洋扰动会使黑潮流速减小，小于台风经过前的流速水平。台风引起海峡东西两侧海面高度差增大，势能转化为动能，黑潮入侵强度增大。台风过后，吕宋海峡处黑潮流速的北向分量减小，位势涡度的经向平流不足以平衡β效应，较弱的边界流易转换成“穿透缝隙”机制，也可使黑潮入侵加强。夏季，南海东北部中层和次表层下层依然存留有黑潮入侵水。在西南夏季风和黑潮入侵的共同作用下，南海表层和次表层的盐度变化最大。黑潮主轴西向移动相较于黑潮水入侵南海时间具有一定的滞后性。台风路径上的混合层先小幅度加深后迅速变浅，黑潮区域恢复至原状态速度较快。通过巴布延海峡的黑潮水，在吕宋岛西侧北上暖流的作用下形成反气旋涡向南海西南方向移动。

## 3.1　台风信息及研究区域

根据中国气象局“关于实施热带气旋等级国家标准”（GBT 19201—2006），热带气旋按中心附近地面最大风速划分为六个等级：① 超强台风（Super TY），底层中心附近最大平均风速≥51.0 m/s，也即16级或以上；

② 强台风（STY），底层中心附近最大平均风速41.5 ~ 50.9 m/s，也即14 ~ 15级；③ 台风（TY），底层中心附近最大平均风速32.7 ~ 41.4 m/s，也即12 ~ 13级；④ 强热带风暴（STS），底层中心附近最大平均风速24.5 ~ 32.6 m/s，也即10 ~ 11级；⑤ 热带风暴（TS），底层中心附近最大平均风速17.2 ~ 24.4 m/s，也即8 ~ 9级；⑥ 热带低压（TD），底层中心附近最大平均风速10.8 ~ 17.1 m/s，也即6 ~ 7级。本书中台风的中心位置、最大风速、中心气压、强度等级及移动速度和方向等相关信息源自上海台风研究所发布的《热带气旋年鉴》（http://tcdata.typhoon.org.cn/）。其中，CMA热带气旋最优路径数据集提供了1949年以来的热带气旋的相关信息，时间间隔为6小时，区域包括南海、赤道以北和180° E以西的西北太平洋。

本书选取了与研究问题相关的1506号台风——“红霞”，其于2015年5月3日18时（世界时，下同）以热带风暴（TS）的形式开始于西北太平洋（9.4° N/140.7° E），初始阶段“红霞”西向移动。“红霞”生成之初，位于副热带高压的弱点位置，移动较为缓慢，垂直风切变增强，不利于“红霞”的发展。但西北太平洋28℃ ~ 29℃的较高海表温度，让“红霞”强度得以维持和发展。5月6日14时移动方向转为西北西向，在经历台风（TY）、强台风（STY）过程后，在5月9日12时“红霞”位置接近黑潮主轴，吕宋以东海表温度30℃以上，为“红霞”提供能量，促使其进化为超强台风（Super TY）。5月11日00时，由于受到吕宋地形的摩擦作用，在吕宋海峡东侧“红霞”强度由超强台风转变为强台风，并且东北东向移动。5月11日06时，在台湾岛最南端的正东侧“红霞”强度由强台风减弱为台风，并向东北向移动。5月12日00时，“红霞”减弱为强热带风暴。当日“红霞”登陆日本，引起大量降水。台风“红霞”的具体信息见表3-1。

表3-1 台风“红霞”强度转变时刻信息表

| 时间 | 中心位置 | 中心气压（百帕） | 最大风速（m/s） | 移动方向 | 强度 |
|---|---|---|---|---|---|
| 05-03 18：00 | 9.4° N/140.7° E | 998 | 18 | 西 | 热带风暴 |
| 05-05 00：00 | 9.4° N/139.0° E | 990 | 25 | 西 | 强热带风暴 |
| 05-06 06：00 | 9.5° N/136.9° E | 975 | 33 | 西北西 | 台风 |
| 05-07 00：00 | 10.6° N/134.2° E | 955 | 42 | 西北西 | 强台风 |
| 05-09 12：00 | 15.4° N/124.6° E | 935 | 52 | 北西 | 超强台风 |
| 05-11 00：00 | 20.6° N/122.0° E | 950 | 45 | 东北东 | 强台风 |
| 05-11 06：00 | 21.8° N/122.3° E | 960 | 40 | 东北 | 台风 |
| 05-12 00：00 | 27.9° N/128.4° E | 980 | 30 | 东北 | 强热带风暴 |

台风“红霞”的实测路径和本文主要研究区域如图3-1所示。底图颜色表示水深，水深数据取自ETOP2数据；黑色箭头表示2015年5月的月平均表层地转流流速［取自哥白尼海洋环境检测中心（CMEMS）：https://marine.copernicus.eu/］，空间分辨率0.25° ×0.25°；台风路径上台风中心用不同颜色表示不同台风等级；红色五角星表示所选取的Argo浮标位置，用于与相同时间、相同位置的模式数据进行对比验证；黑色矩形边框分区用于判定黑潮主轴位置；红色线段为选取的18.5° N、21° N两个主要分析断面；彩色圆点表示台风中心位置和强度。

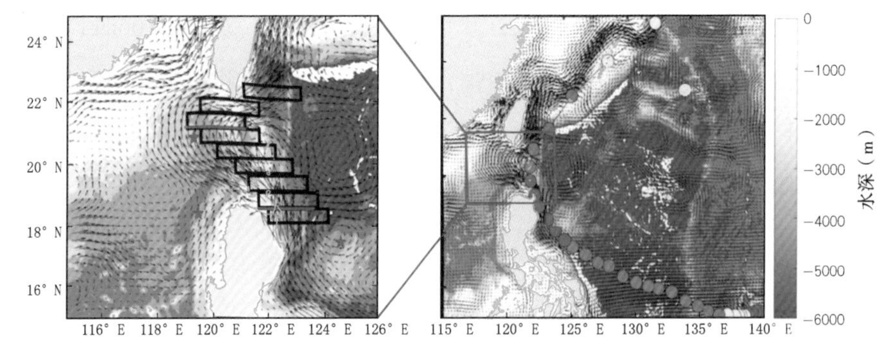


（红色五角星：浮标位置；黑色矩形边框：黑潮主轴判定时的分区；红色线段：18.5° N、21° N断面；圆点：台风中心位置和强度。）

图3-1 台风“红霞”路径及主要研究区域

# 3.2　模式数据质量验证

本章中模式的模拟时间开始于2015年5月3日00时，运行时间75 d，结束于2015年7月17日00时。模式设置范围为南北向12° N ~ 27.5° N，东西向112.5° E ~ 129.0° E，网格水平分辨率为9 km，网格数约为180 × 180，模式数据每6 h输出一次数据。

台风前后，在吕宋海峡附近获取了多个浮标剖面数据。如图3–1中红色五角星所示，本书选取了台风过境前后在吕宋海峡两侧4个实测浮标剖面，与相同位置、相同时间的模式数据进行对比，验证模式数据的可信度。选取的浮标剖面信息如表3–2所示，对比结果如图3–2所示。对比结果表明，模式数据与实测浮标剖面的总体趋势一致：盐度误差基本控制在0.05范围内，温度误差基本控制在0.5℃范围内。图3–3为模式的海表面温度（SST）与NOAA最优插值海表面温度（OISST）在5月6日与5月14日的对比图，分别对应台风过境前与台风过境后。图3–3（c）、（f）为两者SST之差，可以看到：模式SST与OISST差值基本控制在0.5℃范围内，仅在台湾岛东北部及琉球群岛南侧小范围海域SST差值稍微大一些。因此，模式数据与实测数据较为吻合，模式数据质量较高，比较可信。

表3–2　吕宋海峡两侧所选浮标剖面信息

| 浮标剖面编号 | 时间 | 经度 | 纬度 |
| --- | --- | --- | --- |
| 2901201_210 | 20150505 | 124.6° E | 17.4° N |
| 2902502_097 | 20150506 | 125.1° E | 22.5° N |
| 5902162_263 | 20150511 | 119.5° E | 18.4° N |
| 5904563_082 | 20150602 | 119.4° E | 20.8° N |

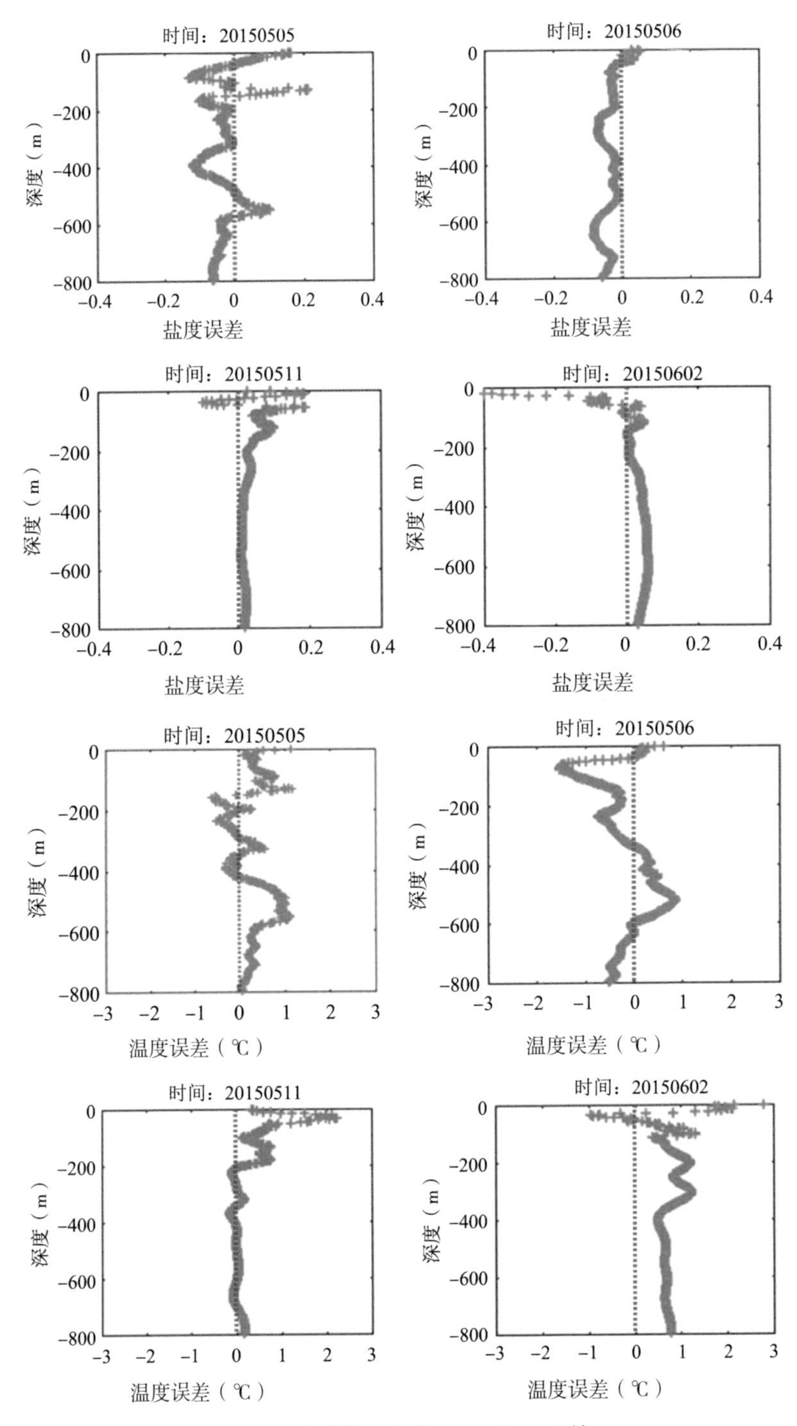


图3-2　模式数据与浮标温盐剖面误差

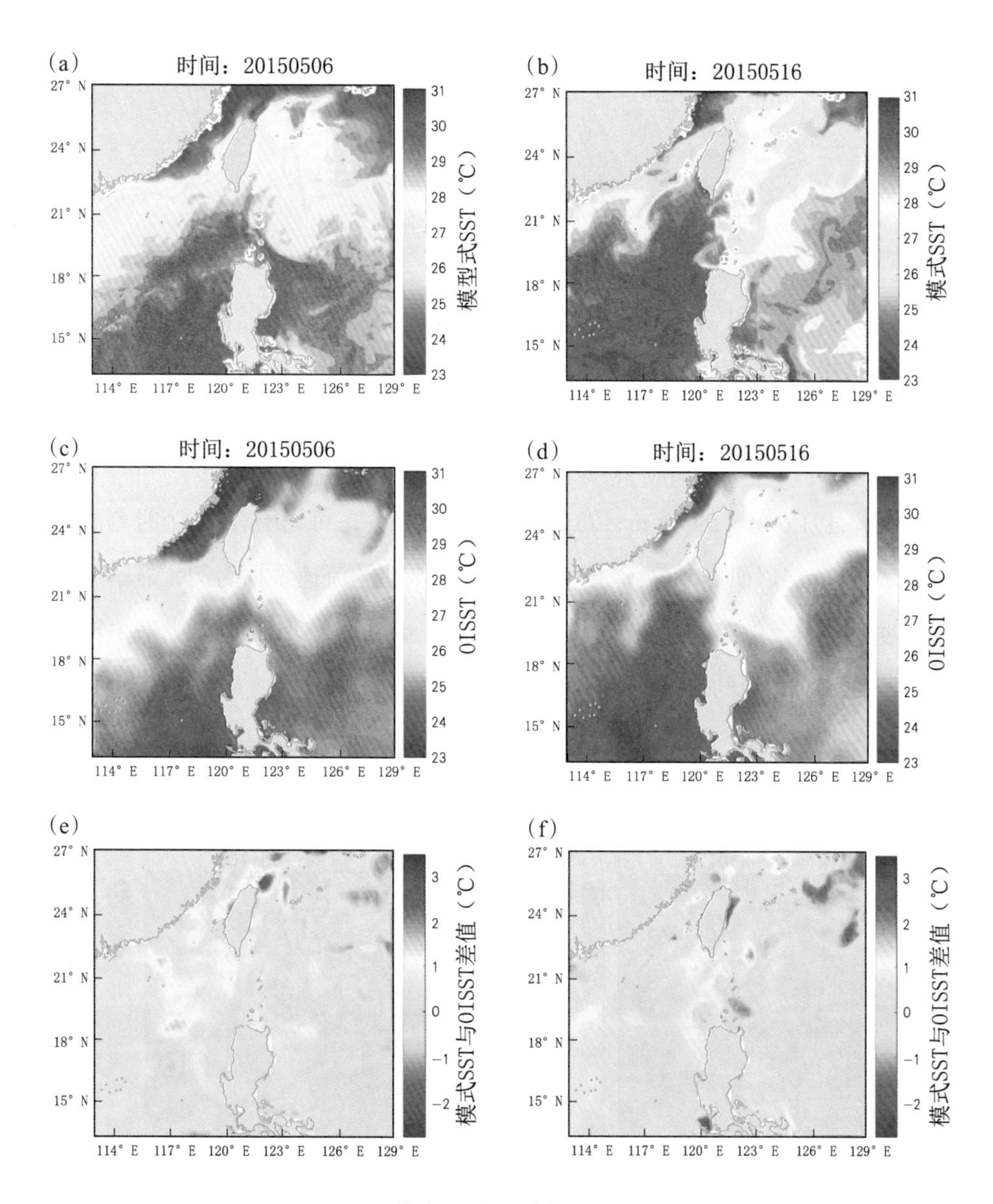


图3-3　模式SST与最优插值SST对比图

（第一列为台风过境前时刻，第二列为台风过境后时刻；第一行为模式数据，第二行为卫星遥感数据，第三行为两者误差。）

# 3.3 台风对黑潮主轴的影响

本章模拟时间自5月3日00时开始，结束于7月17日00时，每6 h输出一次结果，共20层（2.2 m、6.8 m、12.2 m、18.7 m、26.9 m、37.6 m、51.5 m、69.4 m、92.0 m、119.5 m、151.8 m、188.8 m、230.9 m、279.5 m、336.8 m、406.2 m、491.6 m、598.1 m、731.7 m、900.0 m），每一层有301个时刻的输出结果。图3–4以研究海区9个时刻的119.5 m水深的流速数据为例，显示了台风经过前后流速的变化。可以看出：台风中心经过黑潮主轴或离黑潮主轴较近时，都会对黑潮的流速产生不同程度的影响；台风过后，黑潮主轴的位置有明显的西移现象；黑潮在吕宋海峡南侧亦会产生反气旋涡进入南海，并向西南方向移动。

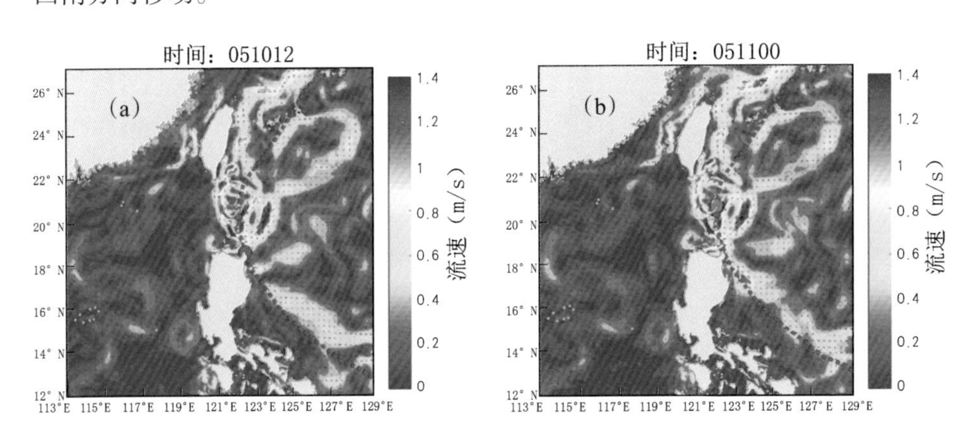


（虚线：台风路径；圆点：台风中心。）

图3–4 模式流速平面图

（以119.5 m水深为例）

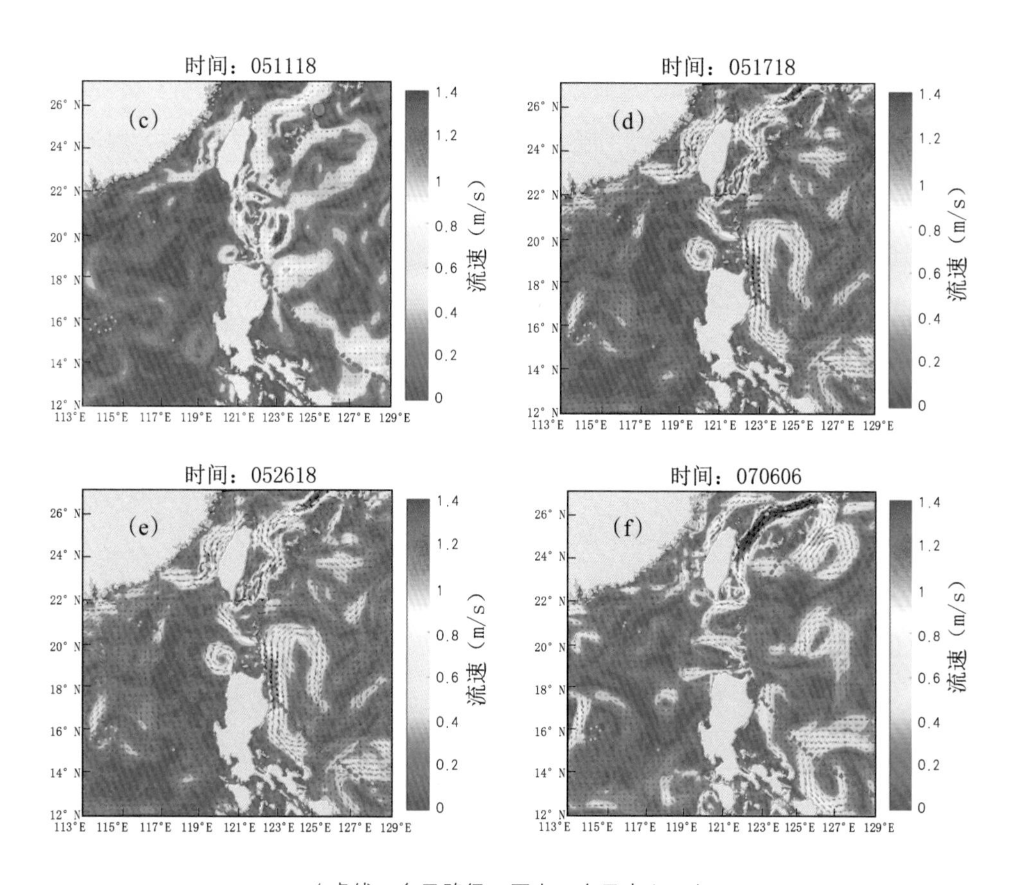


（虚线：台风路径；圆点：台风中心。）

图3-4　模式流速平面图

（以119.5 m水深为例）（续）

### 3.3.1　台风对黑潮主轴流速的影响

本章在黑潮主轴上18.5° N（吕宋海峡处）、21° N（吕宋海峡东南角附近）处流速最大的位置选取了两个断面，用于研究台风前后黑潮主轴上各个深度的流速变化（图3-1红线所示）。

5月10日11时，在18.5° N纬线上台风中心刚好经过黑潮主轴。对18.5° N断面上黑潮主轴流速进行分析［为了更好地展示黑潮流速变化趋势，图3-5（a）只显示出了黑潮的较稳定水层］，结果显示：① 台风经过以前，黑潮主轴表层流速可达1 m/s，100 m水深处流速在0.75 m/s左右，150 m水深处流速在0.7 m/s左右，200 m水深处流速在0.6 m/s左右，250 m水深处流速在0.5 m/s左右，300 m水深处流速在0.45 m/s左右，350 m水深处流速在0.35 m/s左右，400 m水深处流速在0.3 m/s左右，500 m水深处流速在0.25 m/s左右；② 台风中心在5月10日经过该断面后，流速急剧增大，台风中心过去7 h左右各层流速达到最大值，表层流速可达2.5 m/s，230 m以上流速可达1 m/s以上，流速分布基本还是从浅至深依次减小；③ 台风经过后速度达到最大值后，流速开始迅速下降，24 h左右，流速达到一个极小值，黑潮各层流速降低到0.6 m/s左右；④ 台风过后，各层流速一直呈现一定程度的下降趋势，并一直持续到5月16日左右（除了达到极小值后有小幅度回升情况以外），黑潮各层流速最大降低到0.5 m/s左右，约为正常流速水平的一半；⑤ 5月16日12时左右，流速开始回升，至5月19日12时，流速基本恢复正常状态。

5月11日02时，在21° N处台风中心在黑潮主轴右侧100 km左右。对21° N断面上黑潮主轴流速进行分析［为了更好地展示黑潮流速变化趋势，图3–5（b）只显示出了黑潮的较稳定水层］，结果显示：① 正常状态下，黑潮表层流速在1.15m/s左右，100 m水深处流速在1.05 m/s左右，150 m水深处流速在0.95 m/s左右，200 m水深处流速在0.7 m/s左右，250 m水深处流速在0.55 m/s左右，300 m水深处流速在0.45 m/s左右，350 m水深处流速在0.4 m/s左右，400 m水深处流速在0.3 m/s左右，500 m水深处流速在0.2 m/s左右；② 台风在100 km的距离经过时（5月11日02时），同样会引起流速的增大，但幅度相对较小；③ 流速自5月4日开始逐渐增大，并在5月9日00时左右达到最大值；④ 流速达到最大值后，开始逐渐下降，直至5月19日才恢复至正常状态。

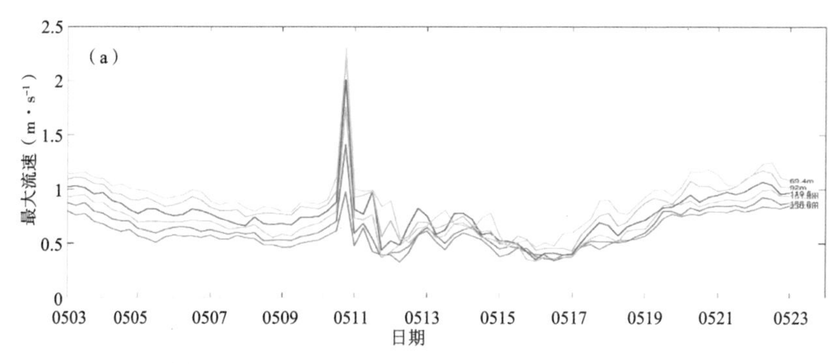


（a）18.5° N断面流速变化曲线；（b）21° N断面流速变化曲线（分别选取了92 m、151.6 m、230.9 m层）。

图3–5 台风前后黑潮主轴流速变化曲线图

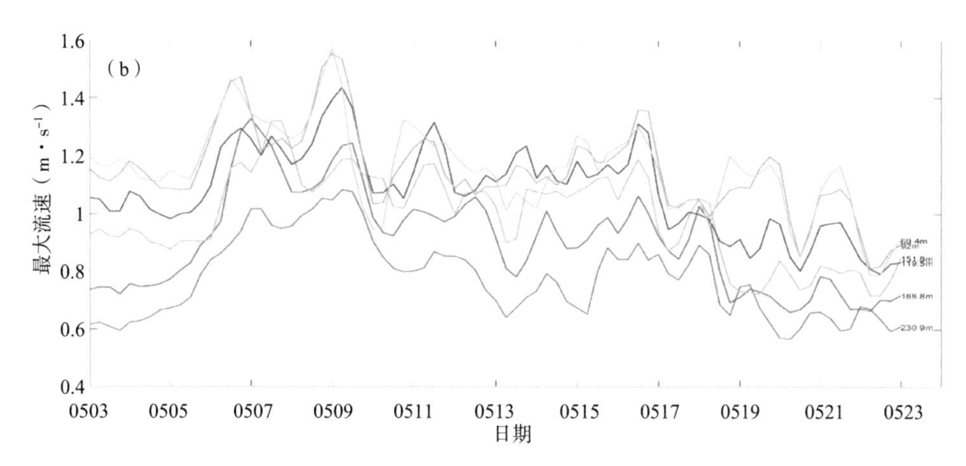


（a）18.5° N断面流速变化曲线；（b）21° N断面流速变化曲线（分别选取了92 m、151.6 m、230.9 m层）。

图3-5　台风前后黑潮主轴流速变化曲线图（续）

综上所述，台风中心经过黑潮主轴时，强劲的风速会引起海水流速急剧增大，并且流速在台风过后7 h达到最大值，此最大值是受台风影响前流速的两倍左右。因为台风过后对海洋后续依然存在强扰动作用，对黑潮的北向流动具有阻碍作用，台风过后黑潮流速呈现下降趋势，在台风过后6 d左右，流速下降至一个最小值，之后经过3 d左右流速才恢复至正常流速水平。

但在吕宋海峡中部，自5月4日至5月9日的黑潮流速呈现增大的趋势，此时台风刚刚生成，还未对黑潮主轴产生影响。经分析各层流速发现（图3–6），此时在黑潮右侧存在一个西向移动的反气旋涡，在靠近黑潮主轴时，涡旋西边界的北向流不断汇入黑潮主轴，并被黑潮带向高纬度，此部分海水流速稍大于黑潮的北向流速，因此，黑潮不断吸纳反气旋涡的流速较大的海水，黑潮主轴上的流速迅速增大。反气旋涡在西移过程中，外边界的海水一层一层地汇入黑潮，反气旋涡的强度不断削弱，黑潮流速也在慢慢恢复，在5月18日之前，该反气旋涡已经基本被黑潮吸收。台风经过吕宋海峡时离黑潮主轴较远，因此，该阶段流速的增大主要是由于反气旋涡的汇入导致的。

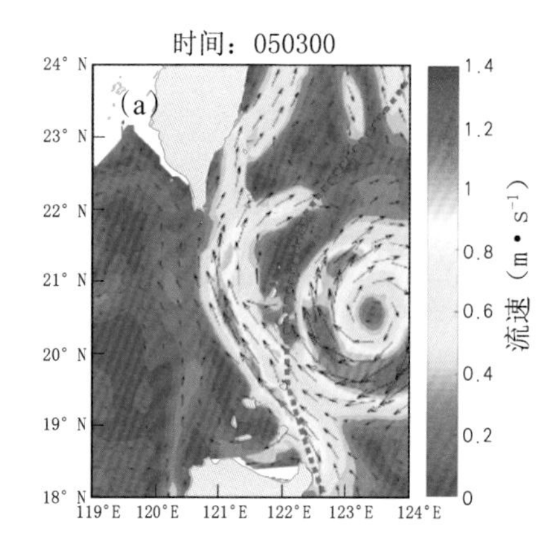


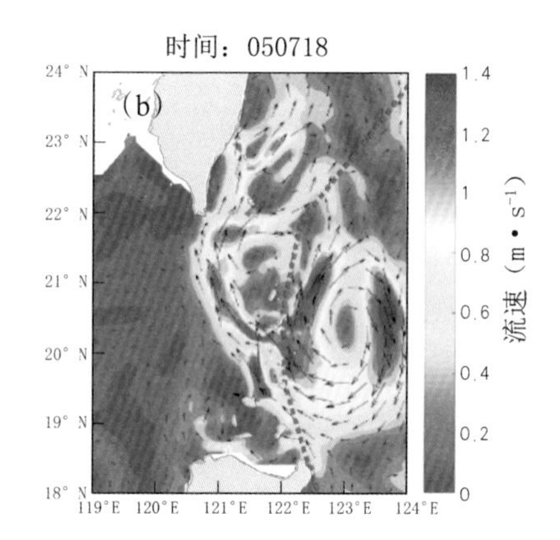


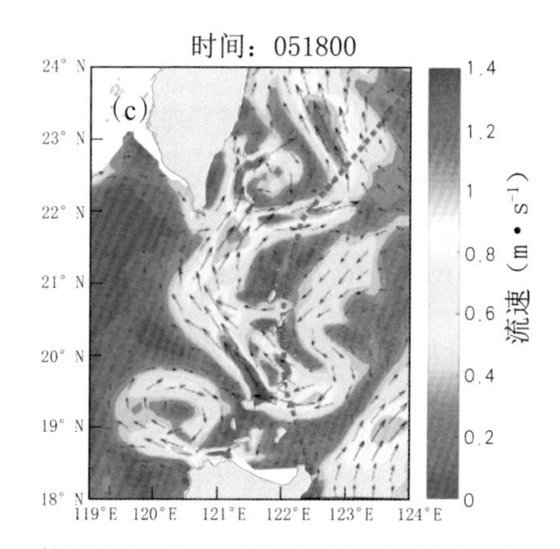


图3-6　反气旋涡靠近黑潮主轴时的流速平面图（以119.5 m水深为例）

### 3.3.2　台风对黑潮主轴位置的影响

图3-7显示了5月份1506号台风“红霞”经过前后，500 m水深以上黑潮主轴的位置变化。在纬向上，将18° N～22.5° N均匀地分割成9段（18° N～18.5° N，18.5° N～19° N，19° N～19.5° N，19.5° N～20° N，20° N～20.5° N，20.5° N～21° N，21° N～21.5° N，21.5° N～22° N，22° N～22.5° N，如图3-1黑色矩形边框所示），将每段中最大流速的位置，定义为该段的黑潮主轴位置。图中的彩色圆点为当时的台风位置，颜色表示强度（与图3-1中表示方式一致）。

5月4日—5月11日这一时间段，黑潮右侧的反气旋涡强度较强，不断向黑潮主轴汇入流速较大的海水，此时对黑潮流速影响较大，后续反气旋涡强度迅速减弱，最后完全融入黑潮，涡旋消失。由图3-6可以看出，在右侧的反气旋涡影响黑潮流速比较大的时间段内，黑潮主轴位置几乎没有发生变化，由此可以排除该反气旋涡的存在对黑潮主轴位置的影响。通过对比分析黑潮主轴的分布，在5月17日左右黑潮主轴才开始发生小幅度西向移动，之后西移幅度逐渐增大，在5月31日左右西移幅度达到最大；21° N附近黑潮主轴向南海弯曲程度最大，入侵位置最靠西。由图3-7（f）可以看出台风经过7 d左右，黑潮主轴开始向南海偏移，偏移了0.25° 左右；台风经过11 d后［图3-7（g）］，黑潮主轴偏移了0.5° 左右；台风经过17 d后［图3-7（h）］，黑潮主轴偏移了0.75° 左右；台风经过20.5 d后［图3-7（i）］，黑潮主轴偏移了1° 左右。分析表明，相较于中深层，在200 m以上的黑潮主轴西向偏移更强（为更好地凸显黑潮主轴位置，图3-7中未显示出黑潮主轴的各层分布）。

因为本节仅考虑黑潮最大流速位置，黑潮水影响南海的实际位置范围应该更广，影响南海时间更长。

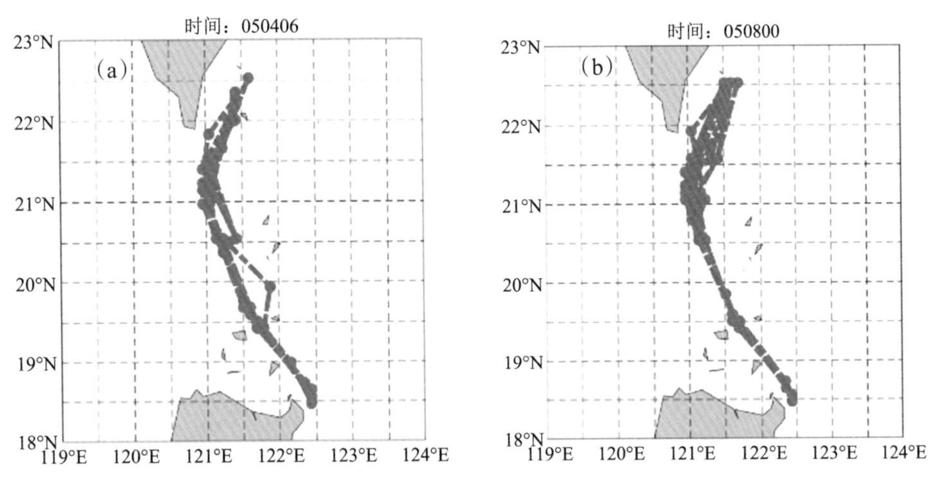


（a）～（e）为台风过境前，（f）～（i）为台风过境后，（f）～（i）中蓝色线段为台风过境前主轴位置的平均。

图3-7 台风前后黑潮主轴位置变化图

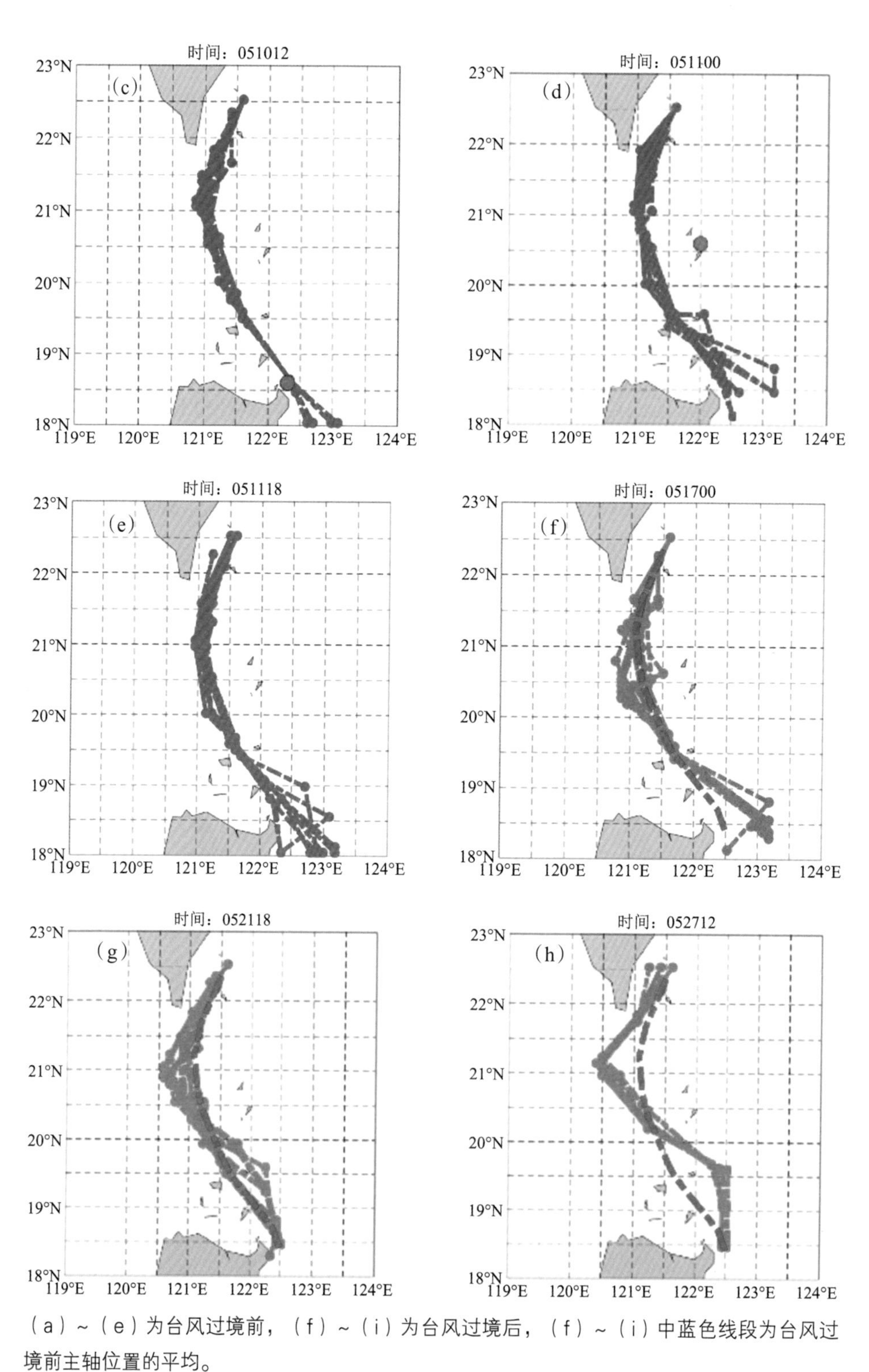


（a）~（e）为台风过境前，（f）~（i）为台风过境后，（f）~（i）中蓝色线段为台风过境前主轴位置的平均。

图3-7 台风前后黑潮主轴位置变化图（续）

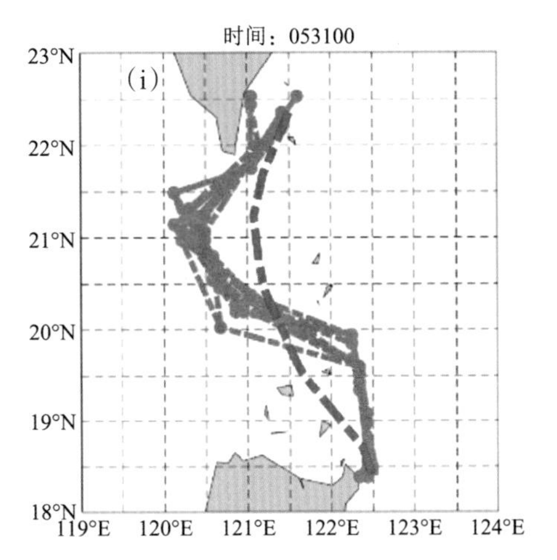


（a）~（e）为台风过境前，（f）~（i）为台风过境后，（f）~（i）中蓝色线段为台风过境前主轴位置的平均。

图3-7　台风前后黑潮主轴位置变化图（续）

### 3.3.3　台风前后黑潮区域的温度、盐度以及混合层变化

由图3-8（a）可知，台风未进入研究海域之前，研究海域范围的整体混合层厚度都较小，平均约为20 m，西太平洋和南海的厚度相当，吕宋海峡附近黑潮流轴处的混合层厚度也较小。

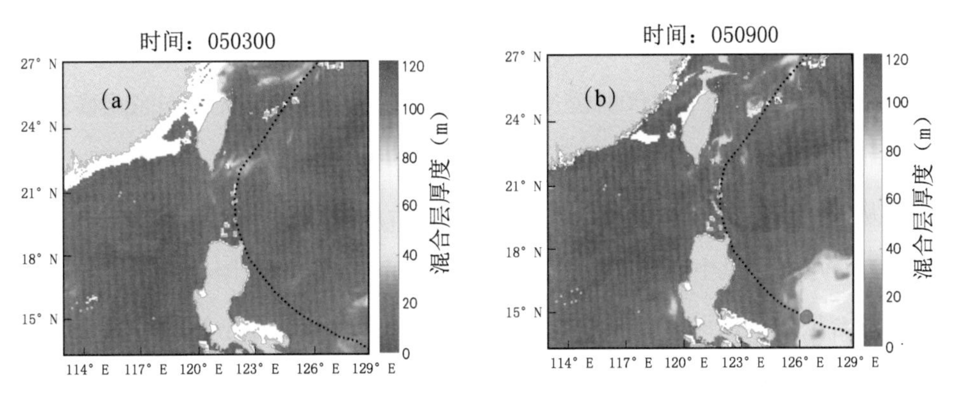


（虚线：台风为台风路径；圆点：台风中心。）

图3-8　台风路径附近海域混合层厚度变化图

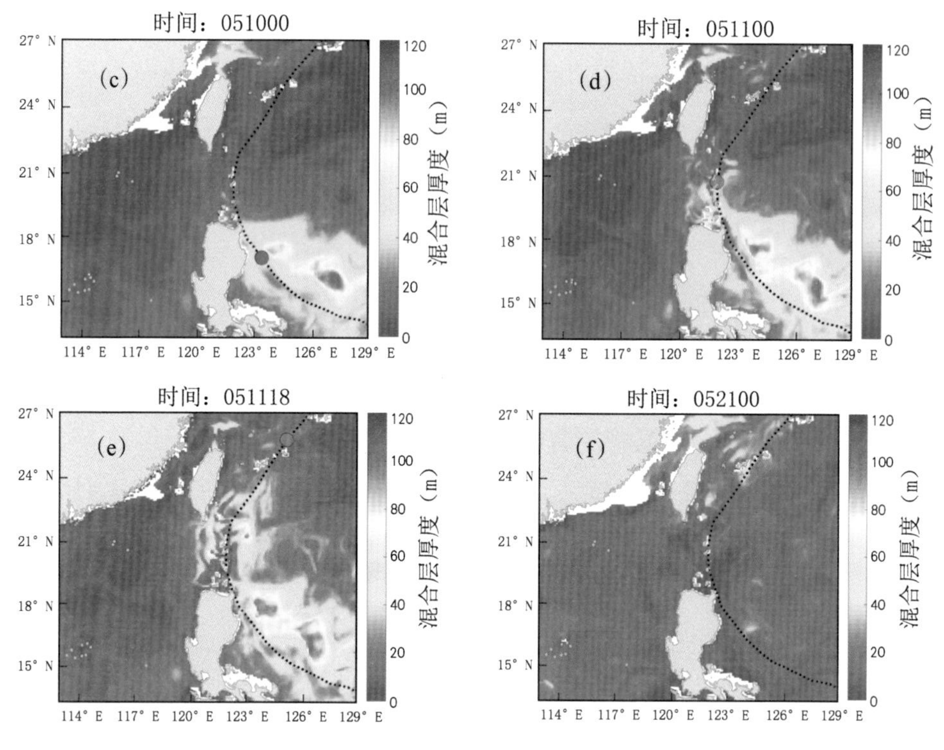


（虚线：台风为台风路径；圆点：台风中心。）

图3-8 台风路径附近海域混合层厚度变化图（续）

在5月9日00时台风进入研究海域，贴近黑潮北上的流轴，由东南向东北移动，且移动速度不断加快，在菲律宾东北部风强度达到最大，为超级台风（$v$>51 m/s），5月11日00时经过吕宋海峡之后，沿着黑潮流轴向东北移动，由于陆地摩擦和水深变化等原因，强度不断变小。

从9日至10日［图3-8（c）、（d）］，台风经过菲律宾以东时，途经海域的混合层在台风中心到来前6 h便出现相应的变化，海域因受外围风场的影响，混合层逐渐加深。台风过境前后30～36 h，台风路径东侧的海域出现了混合层变化的最大值，加深80 m左右，混合层明显加深的区域位于台风路径右侧，距离台风中心50～150 m范围内，平均加深50 m。同时，因Ekman抽吸和风搅动作用，菲律宾东侧近岸海域的混合层也产生了较大变化，陆地东北最大增幅达70 m。值得注意的是，无论是深水区或是浅水区，台风过境海域时，路径中心附近30 km范围内的混合层都是先短暂加深，后迅速变浅，与路径左右的其他海域相比，呈现一条明显的冷尾迹。上述的分析结果和诸多前人的研究结论较为符合。

10日至12日，台风直接作用于吕宋海峡附近的黑潮区（18° N ~ 24° N，119° E ~ 124.5° E），最后离开该区域。图3–8（d）显示，5月11日00时，台风到达吕宋海峡中部海域，因岛屿和陆地的摩擦作用，风力减小，强度变为强台风（41.5 m/s$<v<$50.9 m/s），台风和菲律宾陆地向风一侧的混合层都较原先加深，而背风侧几乎没变化，吕宋海峡之间的岛屿在该台风过境前12 h和过境后12 h内，岛屿周围海域混合层都呈现逐渐加深的状态，增幅最大为50 m。台风过境吕宋海峡前后，不同于经过海域东南部时右侧明显加深的状态，台风路径左右两侧的混合层都出现了明显加深，右边略强于左边，平均加深约35 m，如图3–8（d）显示，加深区局限在18° N ~ 24° N，119° E ~ 124.5° E内，并没有对左侧的南海东北部混合层厚度产生显著影响。另外，与西太平洋海域一样，当台风经过吕宋海峡12 h后，距路径中心约30 km内海域出现显著的冷尾迹，在众多经向分布的岛屿两侧接近对称分布。

通过观察图3–8中混合层随时间变化的空间分布图，发现台风在开阔海域过境时，对其路径右侧的混合层会产生较为显著的加深效应，还会造成近岸处的混合层加深。然而在吕宋海峡附近，台风影响下其路径左右两侧的混合层都会加深且增幅和影响的面积相当，另外，台风路径中心30 km内的海域在台风过境后，混合层会先经历加深后迅速变浅，形成显著的冷尾迹现象。台风在吕宋海峡附近的影响产生的混合层整体变化规律与西太平洋开阔海域较为一致，但是混合层变化的面积却不及其他海域那样广泛。

以上验证了此模式模拟的温度场是可靠的，为了便于观察不同位置混合层的变化，在研究海域分别选取①（127° E，15.6° N）、②（126.7° E，14° N）、③（121° E，21° N）、④（121.6° E，19.5° N）、⑤（123° E，21° N）五个点作温度剖面图［图3–9（a）］，观察其温度剖面在台风过境前后的变化，进而探究其混合层变化的情况。

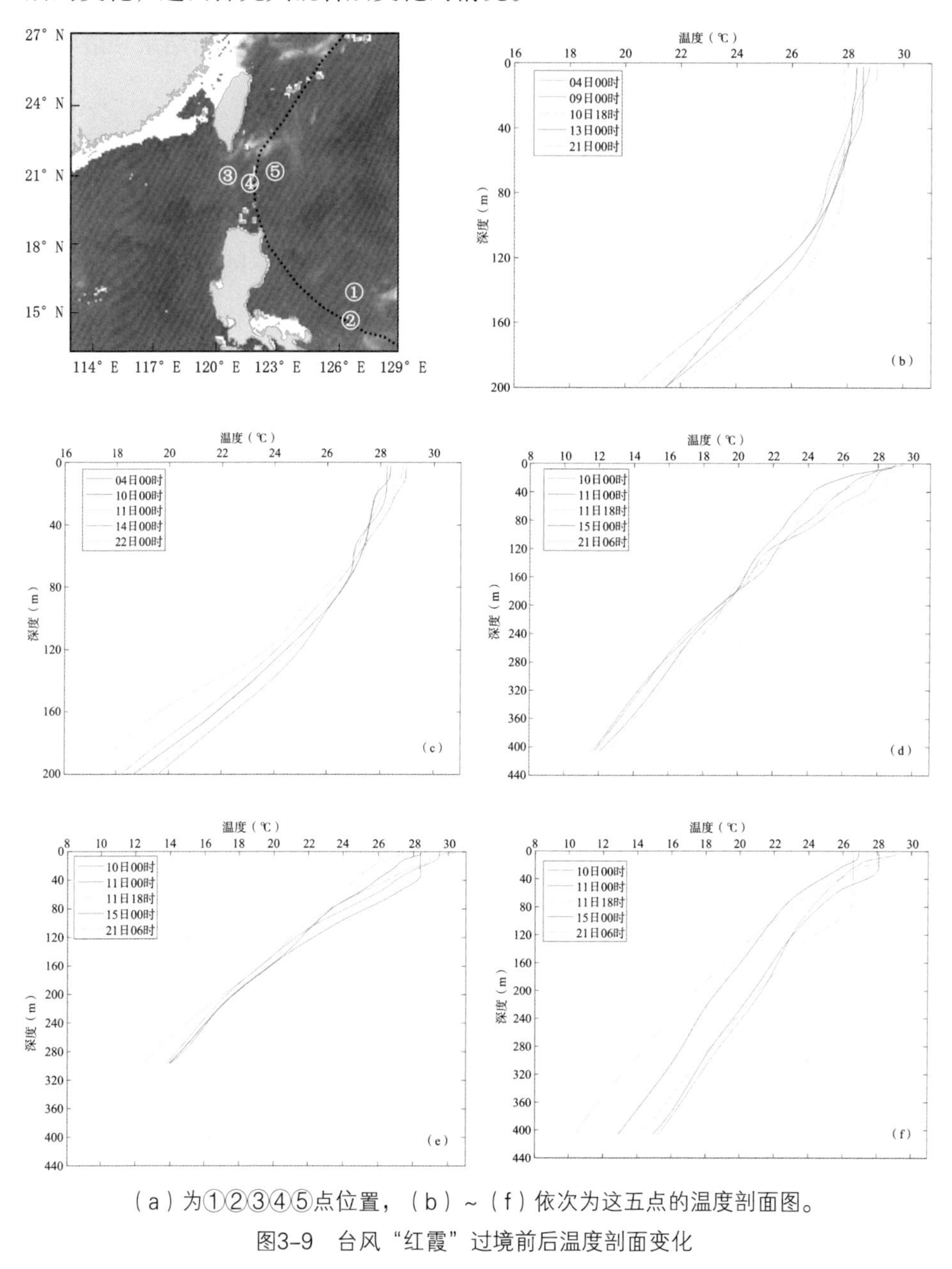


（a）为①②③④⑤点位置，（b）～（f）依次为这五点的温度剖面图。

图3-9 台风“红霞”过境前后温度剖面变化

如图3-9（b），点①（127° E，15.6° N）位于台风路径右侧约80 km处。当台风未进入研究海域时，计算得①点处原先的混合层较浅且强度不强，随着时间推移，当台风中心逐渐靠近并影响①点时，①点处的混合层厚度逐渐变大，最大增幅约80 m，同时，100 m以浅深度范围的海域温度变得均匀，且混合层温度较原先下降了约1℃，台风远离后，海域上层的温度逐渐恢复至初始状态。

点②（126.7° E，14° N）位于台风路径中心附近。当台风未进入研究海域时，计算得②点处的混合层较浅。如图3–9（c）所示，不同于①点混合层持续加深的情况，当台风中心逐渐靠近并影响②点所在的位置时，由10日00时至14日00时的剖面曲线可知，②点处的混合层厚度先快速增大至70 m，后迅速变小，混合层温度较原先下降了约1℃，对应着海面出现的冷尾迹现象。台风远离后，海域上层的温度逐渐恢复至初始状态。

点③（121° E，21° N）位于吕宋海峡西侧，台风路径左侧60 km附近。如图3–9（d）所示，台风未来临之前，上层海洋的温度从上至下均匀递减，无明显混合层的存在，10日至12日期间该台风对吕宋海峡附近海域的混合层影响最为显著，过境期间48 h内，100 m以浅的混合层处于持续加深的状态，表层的温度持续降低1.5℃，表层至100 m内的温度趋于一致，15日00时台风完全过境3 d后，混合层逐渐减弱至消失，0～100 m内的温度持续降低，之后逐渐恢复至初始状态。

点④（121.6° E，19.5° N）位于吕宋海峡中部海域，临近台风路径中心区域。如图3–9（e）所示，初始时该点的混合层较浅，约为10 m，风场在10日00时开始影响该点，混合层的深度随着台风北上迅速增大，而在11日时达到最大，较原先增加了40 m左右，之后混合层迅速变浅，上层海域温度迅速降低，11日18时，上层混合层和温度都达到了最小，温度较原先降低了3℃，导致了表面冷尾迹的出现。随着台风中心远去，15日至21日（过境后4～10 d），该点处上层的混合层和温度逐渐恢复至初始状态，混合层也无较大变化。

点⑤（123° E，21° N）位于吕宋海峡东侧，台风路径右侧70 km左右。

如图3–9（f）所示，在10日至12日期间，台风过境直接影响海域的混合层，42～48 h内⑤点的混合层厚度先从10 m加深至100 m，最大增幅高达80 m，同时50 m以上的温度降低，50～120 m的温度增加，使得新形成的混合层的整体温度较原先低，体现了台风导致的“冷抽吸”效应。在台风过境48 h之后，海域处的混合层厚度逐渐变浅恢复；在台风完全过境3～4 d后，混合层深度逐渐减小，0～100 m内的温度仍在降低，较原先低2℃；完全过境约10 d后，海域40 m以上层恢复至初始状态，而40～400 m的温度下降了2℃～5℃。不同于④点，⑤点的混合层在台风过境48 h内处于持续加深的状态。

## 3.4 台风对黑潮入侵南海的影响

台风导致黑潮主轴向南海弯曲，加强黑潮入侵南海。黑潮入侵南海为南海带来高温、高盐水，影响南海尤其是南海东北部水团温盐性质。黑潮有时会脱落反气旋涡进入南海，此现象一般发生在吕宋海峡西北侧。黑潮水进入南海的方式多样，本研究发现吕宋海峡南侧会有少量黑潮水西行进入南海（巴布延海峡附近），在吕宋岛西侧北上暖流的影响下形成反气旋涡进入南海深处。此次黑潮入侵虽然有少量黑潮分支在吕宋海峡南侧进入南海，但此处黑潮主轴并未进入南海，且在吕宋海峡中部黑潮西向入侵位置在119° N以东，入侵形式应该定义为黑潮跨越吕宋海峡路径[24]。

### 3.4.1 台风过后黑潮对南海东北部盐度的影响

西北太平洋和南海的盐度差别较大，通过分析盐度变化可以比较直观地判定黑潮对南海的入侵程度。台风经过之前，黑潮主轴较稳定，南海东北部的盐度也比较稳定。以18.7 m水深为例：台风过后2 d左右［图3–10（b）］，黑潮高盐水开始出现西向移动迹象；7 d左右［图3–10（c）］黑潮主轴开始向南海偏移时，高盐水也随之向南海明显输入；12 d左右［图3–10（d）］黑潮水影响到119° E左右；16 d左右［图3–10（e）］黑潮水影响范围进一步向西扩大，不断向西输送高盐水。图3–11中选取了与图3–10相同时刻的230.9 m水深处的盐度分布图，虽然台风过后高盐水亦有入侵南海的迹象，但强度明显小于18.7 m水深处的盐度入侵程度。这说明此次黑潮入侵南海主要体现在表层和次表层，对南海东北部次表层以上的盐度影响较大。这也对应了近几十年来南海表层和次表层盐度的变化和黑潮入侵相关性较大[10–14]。

后续吕宋岛东侧会传来一个尺度较大的反气旋涡，继续影响黑潮入侵南海。详情见下一章节。

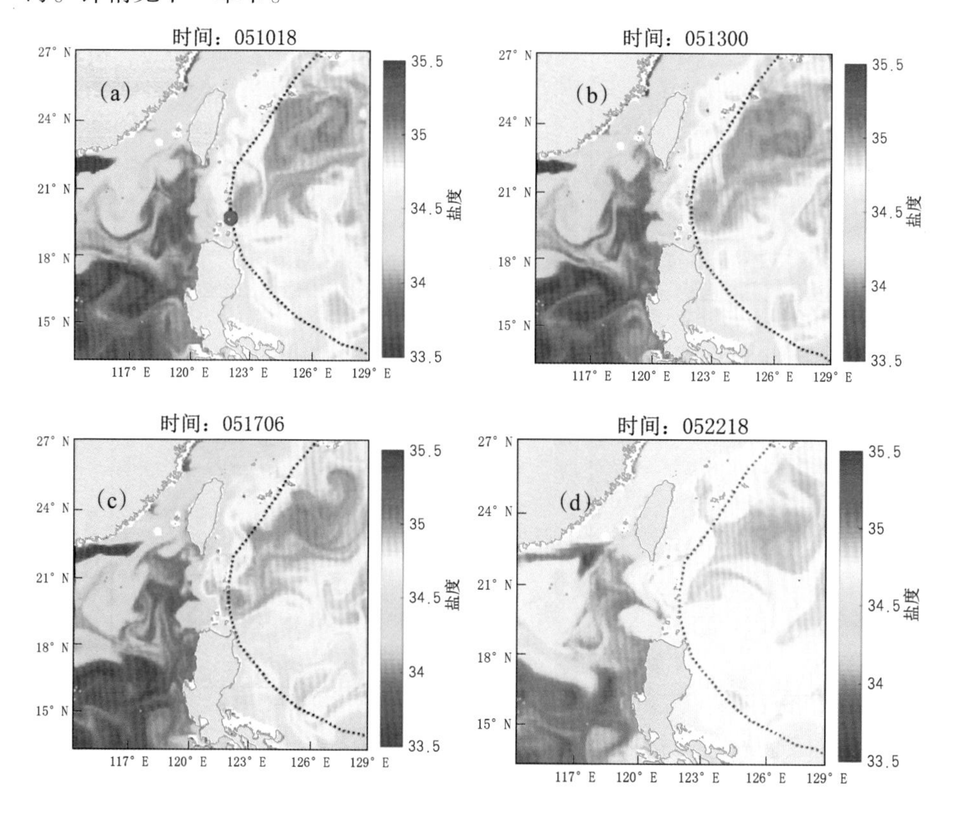


图3–10　模式计算下0506号“红霞”台风过境后黑潮向南海输入高盐水的示意图
（以18.7 m水深为例）

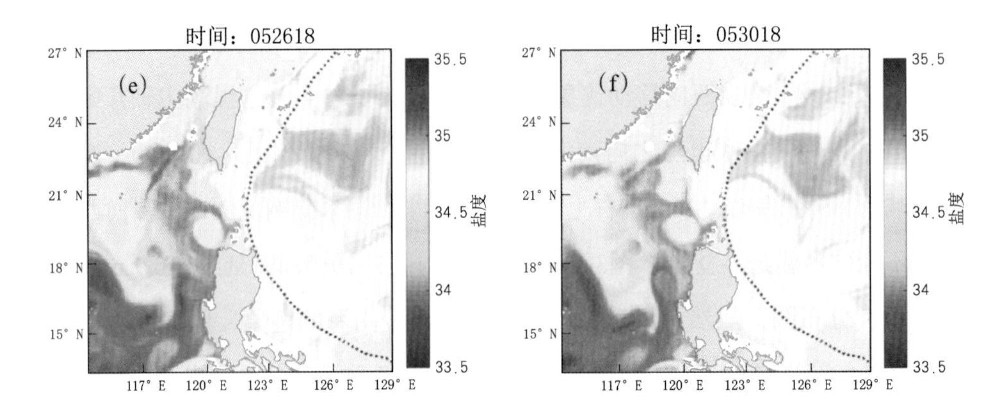


图3-10　模式计算下0506号“红霞”台风过境后黑潮向南海输入高盐水的示意图
（以18.7 m水深为例）（续）

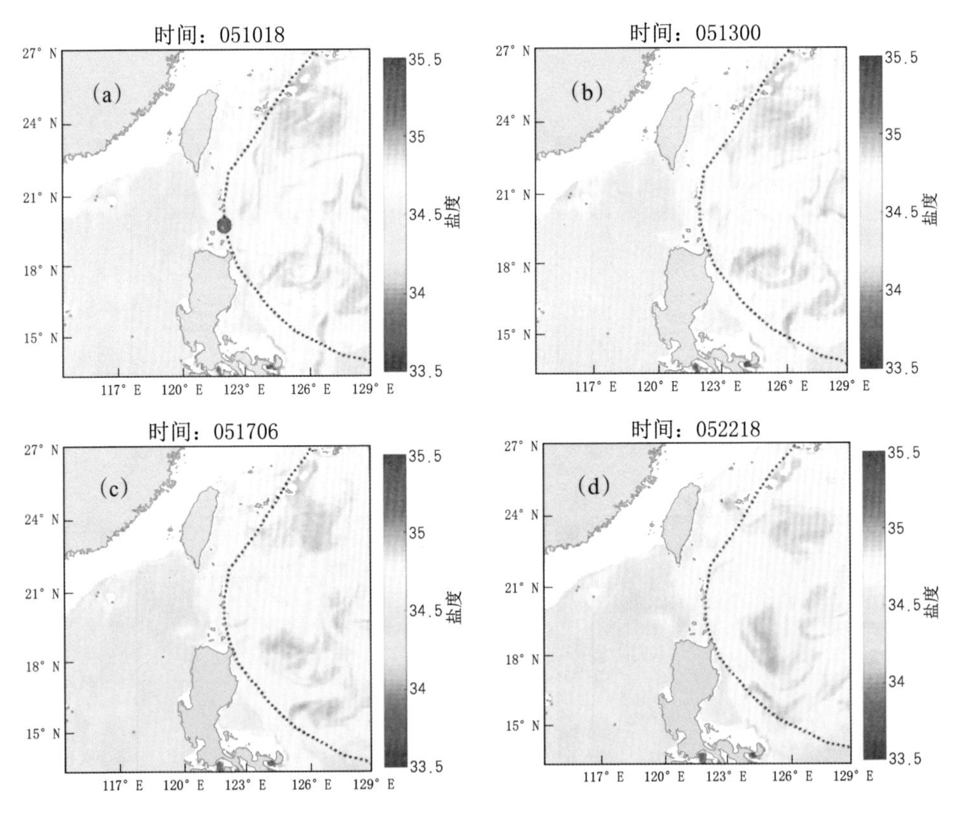


图3-11　模式计算下1506号台风“红霞”过境后黑潮向南海输入高盐水的分布图
（以230.9 m水深为例）

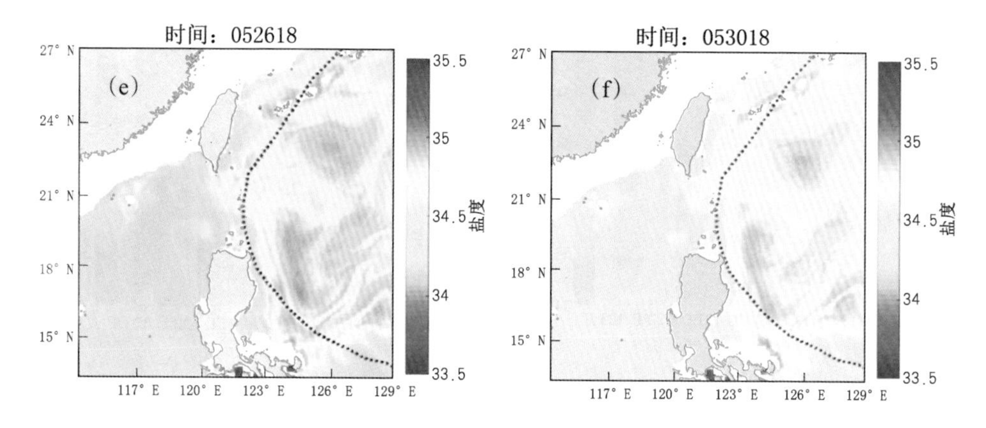


图3-11　模式计算下1506号台风“红霞”过境后黑潮向南海输入高盐水的分布图（以230.9 m水深为例）（续）

黑潮向南海入侵位置在21° N最为显著（图3-7），选取位于21° N盐度断面来研究台风对黑潮入侵南海的影响。5月11日为台风经过21° N时刻，图3-12显示了台风经过前后21° N位置盐度断面的变化，121° E以西基本为南海盐度较低水体，121° E以东为黑潮高盐水体，图中空白处是在模式设置时将水深特别浅的点设为陆地所致。图3-12（a）表明台风过境前，黑潮高盐水体已经越过121° E经度线，一定程度上向南海入侵，而120° E位置次表层存在的高盐水体推测是之前黑潮入侵的滞留水体。台风过境后，高盐水便呈现西向入侵现象。台风过境后4 d内［图3-12（b）、（c）］，黑潮高盐水入侵南海明显加强，150 m以浅次表层尤为显著，可见次表层黑潮入侵较表层更强；台风经过10 d内［图3-12（d）］，黑潮入侵现象仍然逐渐加强，21日00时，黑潮次表层水体几近入侵到120° E位置，南海该位置表层盐度升高最大可达0.8。24日黑潮次表层部分水体脱落，逐渐与南海水混合，28日已入侵至119.5° E［图3-12（e）、（f）］。

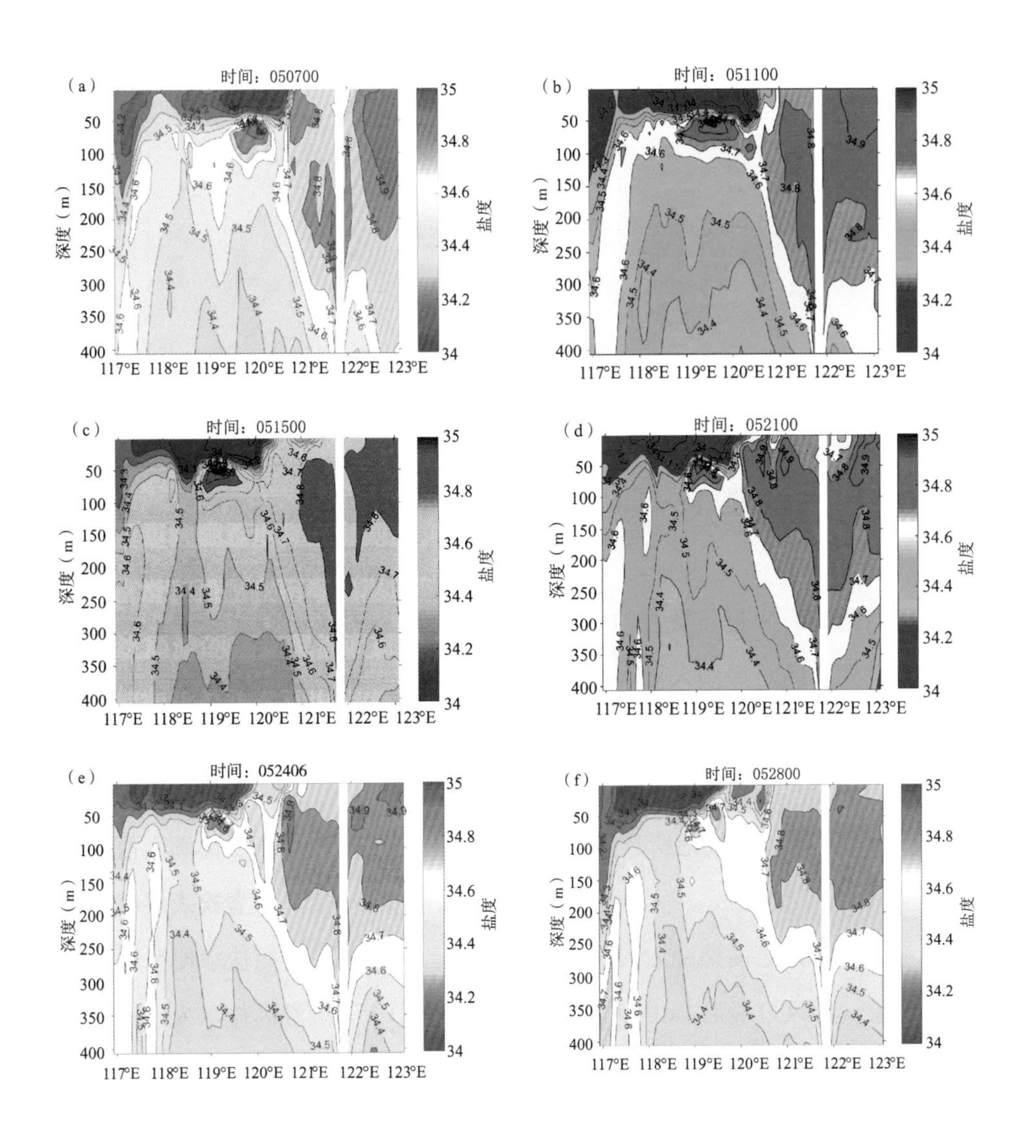


图3-12 在 21° N断面处盐度随时间变化图（图中空白处为陆地）

为了更清晰地体现台风对黑潮入侵的影响，取南海东北部（118° E～121° E，19° N～22° N）各层盐度的平均值作为该海区的特征值，以不同时刻盐度特征值的变化反映黑潮入侵对南海盐度的影响。图3-13显示了11日台风过境后各层盐度都有不同程度的升高，体现了台风对黑潮入侵南海各深度层不同的影响。

图3–13（a）中台风经过后表层盐度显著升高，并随时间变化一直保持增加趋势，反映出台风加强了黑潮表层对南海的入侵。而10 m以浅表层水体较20 m处盐度增加幅度较小，结合南海夏季西南风向，推测是由于风场驱动南侧表层低盐水体与该区域水体混合，造成该区域海水平均盐度升高不如次表层剧烈。10 ~ 50 m次表层水体在台风经过后盐度值增加幅度最大，反映了台风影响次表层黑潮入侵更为明显，而50 ~ 100 m次表层盐度增加幅度却较50 m以浅略小，这是因为在120° E处已经存在一块高盐的黑潮入侵滞留水体，导致台风造成的黑潮入侵并没有让该位置的平均盐度明显增加。图3–13（b）显示100 m以深盐度增加随深度加深而减弱，表明台风对黑潮入侵的影响在100 m以深随深度逐渐减弱。

图3–12、图3–13表明了台风过境后即加强了黑潮水对南海的入侵，而图3–7中显示黑潮主轴在台风过境一周后才出现明显移动，这是因为图3–6中的黑潮主轴判定是根据范围内最大流速判定的，在主轴位置几乎不变的情况下，在黑潮边界已出现高盐水的入侵，而主轴位置滞后响应。

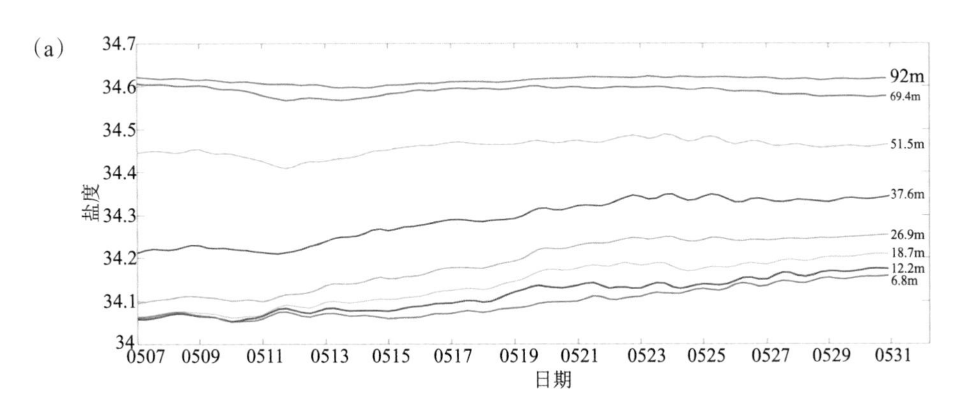


（a）100 m以上；（b）100 ~ 400 m。

图3–13 南海东北部各层平均盐度随时间变化

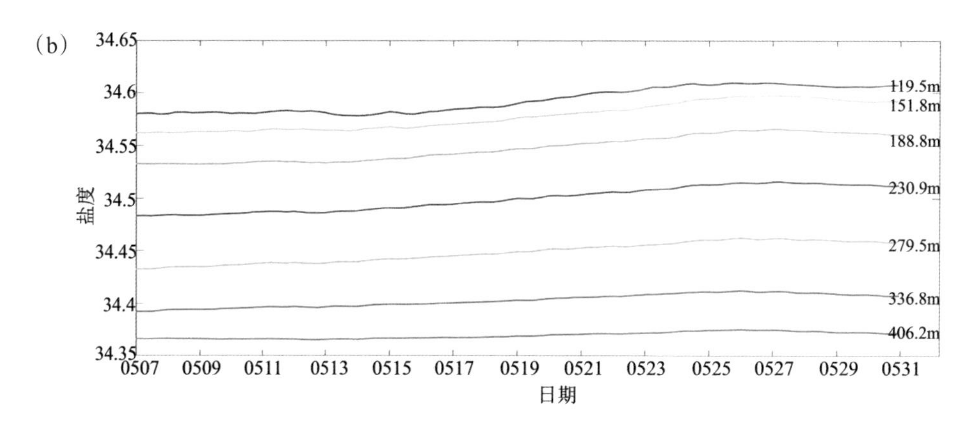


（a）100 m以上；（b）100～400 m。

图3-13 南海东北部各层平均盐度随时间变化（续）

### 3.4.2 台风过后黑潮对南海东北部温度的影响

进一步做温度变化分析，研究台风过后黑潮高温、高盐水对南海的影响。图3-14（a）为台风前吕宋海峡附近温度分布，图3-14（b）、（c）表明台风过境6 d和12 d后，黑潮高温水逐渐向南海入侵。结合图3-4和图3-7，吕宋岛西北侧温度升高是黑潮在南海脱落的反气旋涡导致的，台湾岛南侧温度升高是黑潮主轴向南海偏移的结果。通过偏移最明显的21° N位置的温度断面［图3-14（d）～（e）］，发现121° E右侧温度等值线（即黑潮高温水）在台风过后明显向西移动。

选取南海东北部（118° E～121° E，19° N～22° N）各层温度的平均值作为该海区的特征值，以不同时刻温度特征值的变化反映黑潮入侵对南海温度的影响。台风过境后，在151.8 m、188.8 m、230.9 m深度层上（图3-15），温度特征值分别以0.033℃/d、0.042℃/d、0.042℃/d的变化率增加，表明黑潮入侵对南海温度的影响在次表层较为显著。

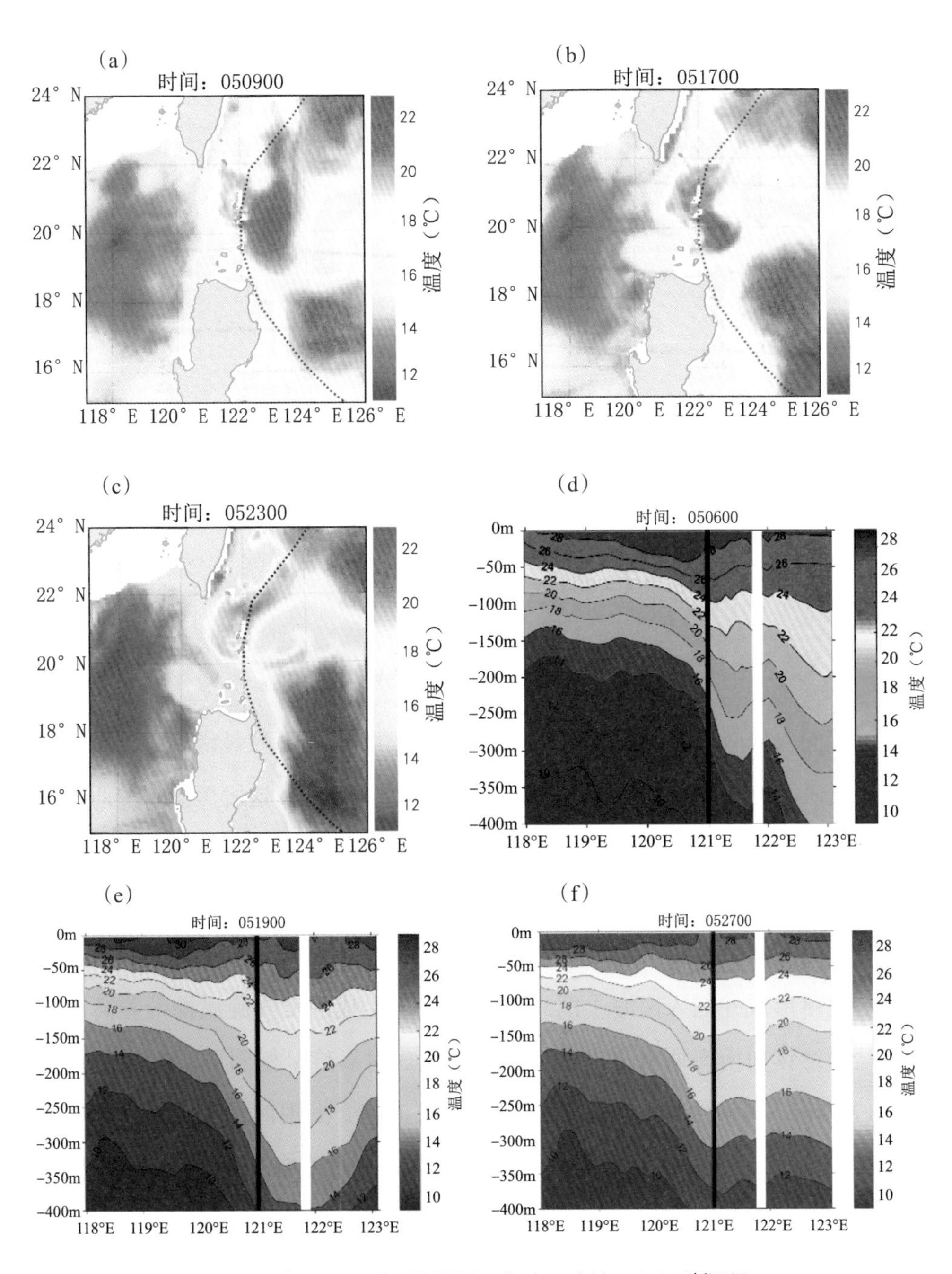


（a）～（c）：200 m水深平面图；（d）～（f）：21° N断面图。

图3-14　黑潮向南海输入高温水的分布图

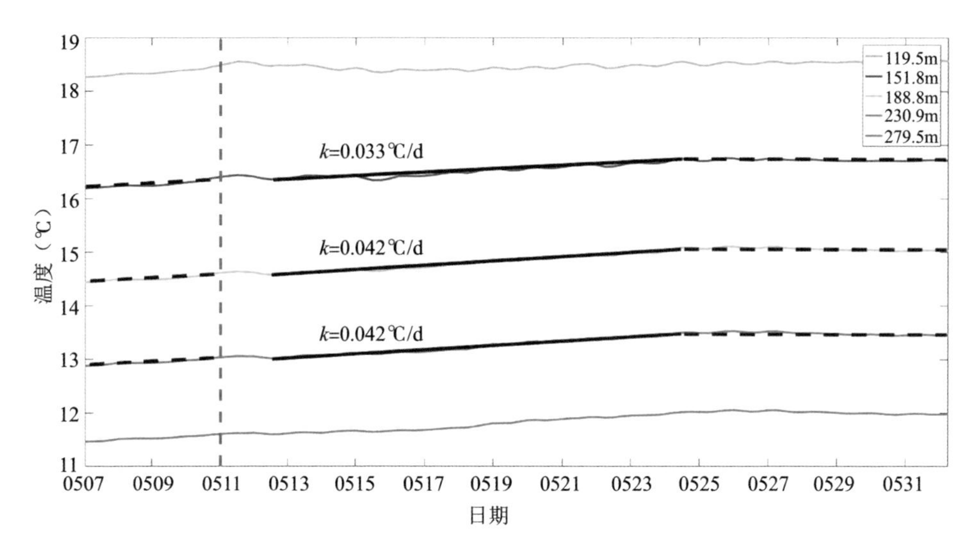


（黑线：拟合趋势线；红色虚线：台风过境时刻。）

图3-15　100～300 m南海东北部各层平均温度随时间变化

### 3.4.3　台风过后黑潮在南海产生反气旋涡

黑潮入侵南海的形式多样，本研究发现，在吕宋海峡最南端（巴布延海峡附近）会有一股黑潮水入侵南海，经过的台风加强了这股黑潮水的西向入侵。此部分黑潮水进入南海后，受到吕宋岛西侧的北上暖流的阻挡形成了一个小尺度的反气旋涡。在卫星高度计测得的海面高度异常数据和海表面地转流数据的图像中也发现了此反气旋涡的存在。该反气旋涡在台风过后10 d左右时脱落形成并进入南海［图3-16（c）］，生成的反气旋涡携带着高温、高盐水继续向南海西南方向移动。初始生成时涡旋呈椭圆形，在表层长轴约170 km，短轴约100 km。通过对比各层流速，发现该反气旋涡垂向尺度在200 m左右，自表层至200 m层流速依次减小，尺度略有减小。由于该反气旋涡强度较小，在南海环流的作用下，停留在距离脱落位置500 km左右的位置，在生成一个月左右时依然在此周旋，受限于模拟时长以及后续模式数据的可信度，涡旋的后续情况未知。

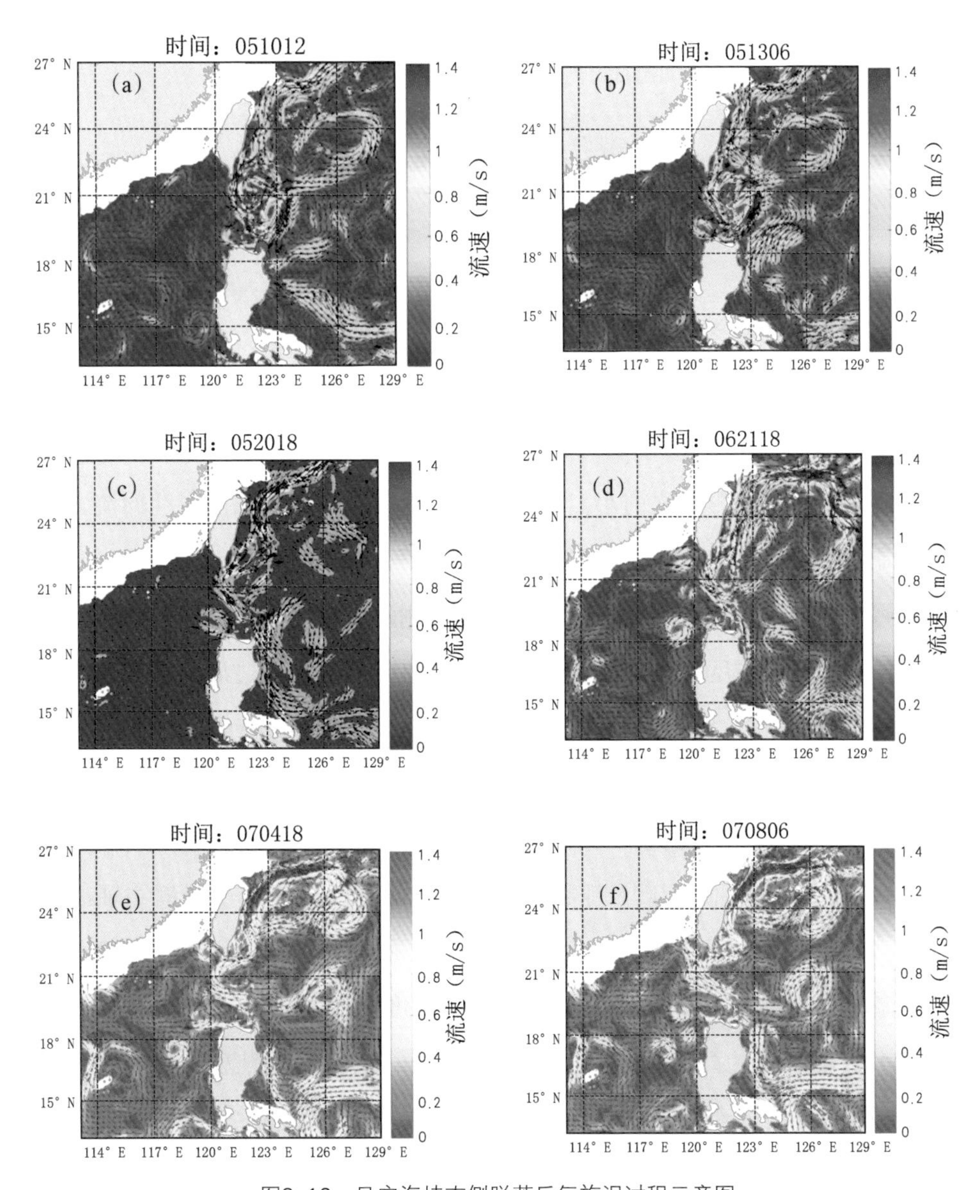


图3-16 吕宋海峡南侧脱落反气旋涡过程示意图

## 3.5 台风导致黑潮入侵的机制分析

黑潮入侵南海受到多种影响因素的影响。当台风经过时，由18.5° N处黑潮主轴上流速的变化可知，台风中心经过黑潮主轴时会暂时增大黑潮流速，后续依然存在的强烈海洋扰动会阻碍黑潮北向流动，导致黑潮刚到吕宋海峡东南侧时的流速比受台风影响之前小。台风路径右后方会产生较强的东北向流，在吕宋海峡处等同于此处存在东向离岸流（图3-17中的红色矩形内）。

离岸流导致东侧海水堆积，海峡东西两侧海面高度差增大，势能转化为动能，黑潮入侵强度增大；再者，在吕宋海峡附近，台风过后黑潮流速的北向分量减小（图3-18），位涡的经向平流不足以平衡β效应，较弱的边界流易转换成“穿透缝隙”机制，黑潮入侵加强。

在台风作用下，黑潮入侵南海的强度变化受到多种机制的影响。在吕宋海峡处，台风中心位于黑潮主轴的右侧，偏北向风作用于黑潮主轴。一方面，5月11日台风过境后，北向风阻碍黑潮的北向流动，导致黑潮水在吕宋海峡北部堆积，吕宋海峡北部的海面高度变得高于吕宋海峡南部（图3-17），南北向的海面压强梯度差产生西向的地转流，黑潮入侵南海强度增大；另一方面，台风过境吕宋海峡时，其中心位于黑潮主轴的右侧，台风中心西边界的北向风作用于黑潮主轴（图3-18），北向风可以产生西向的Ekman输运，同样加强黑潮入侵南海；再者，在吕宋海峡附近，台风过境后对海洋依然存在的强扰动导致黑潮流速的北向分量继续减小（图3-19），位涡的经向平流不足以平衡β效应，较弱的边界流易转换成“穿透缝隙”机制，黑潮入侵加强。

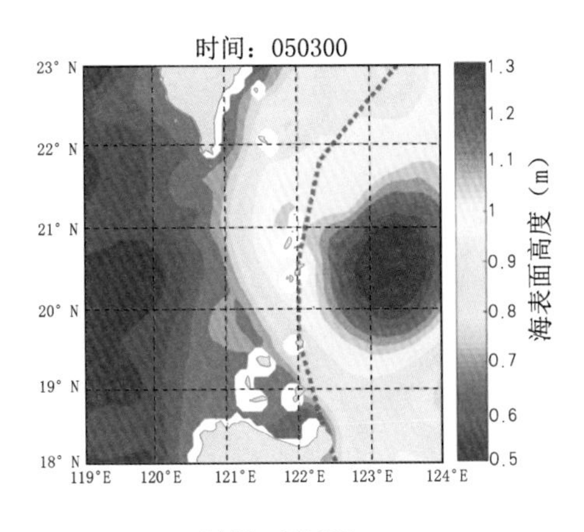


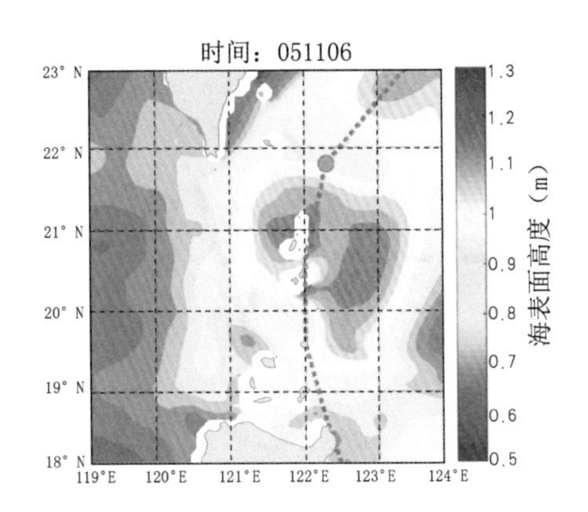


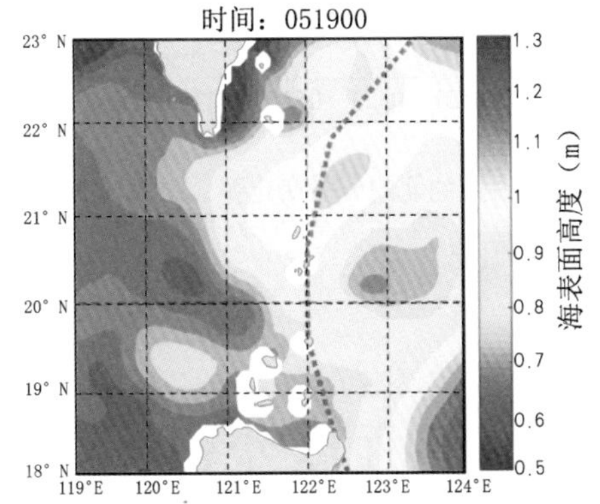


（虚线：台风路径；圆点：台风中心。）

图3-17　台风过境前后吕宋海峡的水位变化示意图

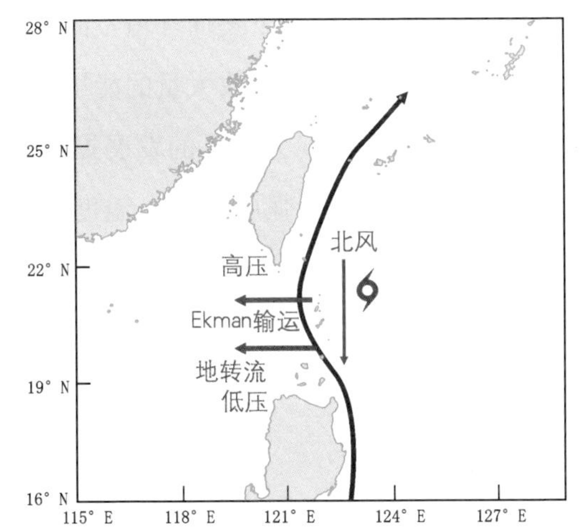


（西向红色箭头：北向风引起的Ekman输运；西向紫色箭头：南北向压强差引起的地转流。）

图3-18　台风影响下的Ekman输运和地转流示意图

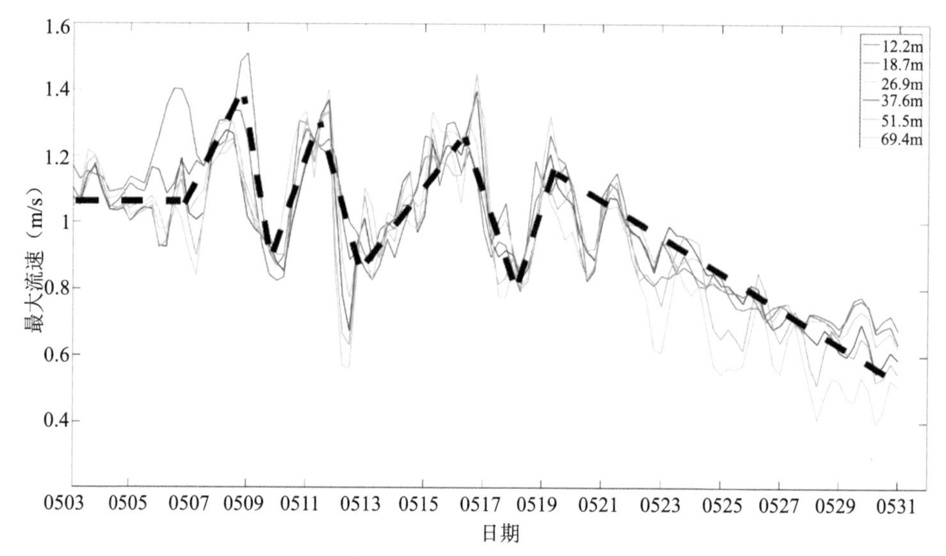


图3-19　台风过境前后21° N断面处黑潮流速的北向分量变化图

# 3.6　台风经过黑潮前后的强度变化

从热带气旋生成伊始，大气和海洋下垫面环境不同，会产生不同的发展形态。热带气旋移动过程中会从海洋中吸收大量的能量，并且海洋蒸发是台风的主要能量来源，较高的海表温度为台风的发展提供源源不断的能量支持，足够高的海表温度会增强台风的强度[107]。温度高的海表面蒸发作用强，增强海面上空水汽辐合和对流，且水汽凝结会释放潜热，增强台风的强度。

台风对黑潮产生影响的同时，黑潮也会对台风产生影响。由于黑潮暖舌区有较大的热通量，经过黑潮暖舌区的热带气旋90%出现增强的趋势[108]。黑潮主轴处海表面温度较高，当台风中心经过黑潮主轴时会吸收大量热量，使台风强度增强。图3-20为台风中心气压和最大风速示意图，中心气压越小，最大风速越大时，台风强度越大。西北太平洋一直属于海表面温度较高的海域，台风“红霞”自西北太平洋生成后不断吸收海洋的热量，强度不断增大。在5月9日左右，台风到达黑潮区域，随后升级成为超强台风，在5月10日00时左右台风强度达到最大，此时最大风速为60 m/s，台风中心气压低至920百帕。台风强度受到海表面温度影响的同时，也受到大陆架的摩擦影响。5月8日之后，台风一直沿着吕宋岛大陆架北上，此时台风强度不断增大。5月10日开始，摩擦作用的影响强于海表面高温的影响后，台风最大风速才呈现出下降趋势。

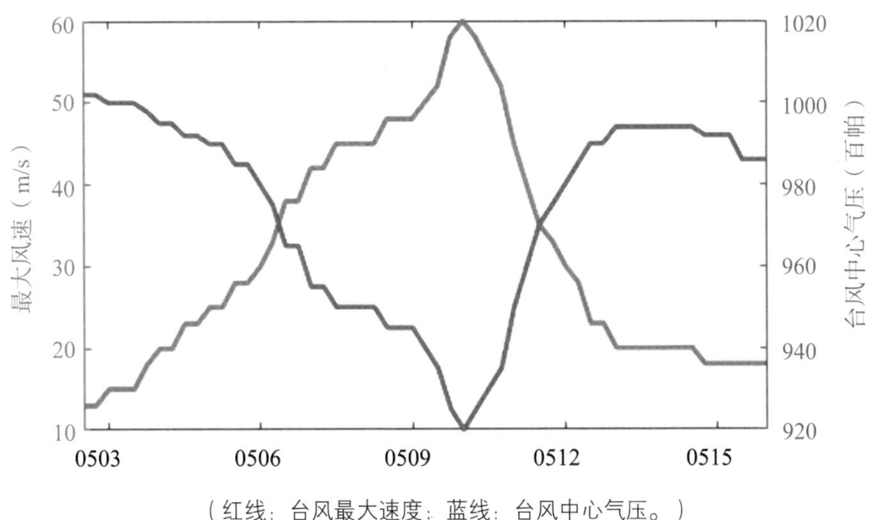


（红线：台风最大速度；蓝线：台风中心气压。）

图3-20　台风中心气压和最大风速示意图

# 3.7 本章小结

① 台风中心经过黑潮主轴时，强劲的风速会引起海洋流速的急剧增大。后又因为台风过后对海洋后续依然存在的强扰动作用，对黑潮的北向流动具有阻碍作用，台风过后黑潮流速呈现下降趋势。

② 根据最大流速判定黑潮主轴位置，黑潮主轴西向偏移相较于高盐水入侵南海具有一定的滞后性，滞后约7 d。

③ 黑潮向南海入侵位置在21° N最为显著，且黑潮入侵时南海东北部250 m以上的温度、盐度变化较为显著，其中50 m以上盐度变化尤为明显。这可能是由于50 m以上在西南夏季风的影响下堆积大量盐度较低的南海水，而下层本身存在之前入侵时滞留的黑潮水，所以当黑潮受到台风影响再次入侵，对上层盐度影响较大。

④ 在吕宋海峡最南端（巴布延海峡附近）通过的黑潮水，在吕宋岛西侧北上暖流的影响下形成了一个直径约150 km的反气旋涡，并在脱落后向南海西南方向移动，到达南海深处。

⑤ 南北向的海面压强梯度差产生西向的地转流，黑潮入侵南海强度增大；北向风可以产生西向的Ekman输运，同样加强黑潮入侵南海；台风导致黑潮流速的北向分量减小，位涡的经向平流不足以平衡β效应，黑潮入侵加强。

⑥ 台风影响黑潮的同时，也会从黑潮温度较高的海表面吸收热量，自身强度增强。

# 第四章

# 多个台风对黑潮入侵南海影响的对比

为了对比分析不同路径、强度的台风对黑潮入侵南海的影响，本章选取了三个台风进行对比分析。

## 4.1　台风1510、1513、1515信息概况

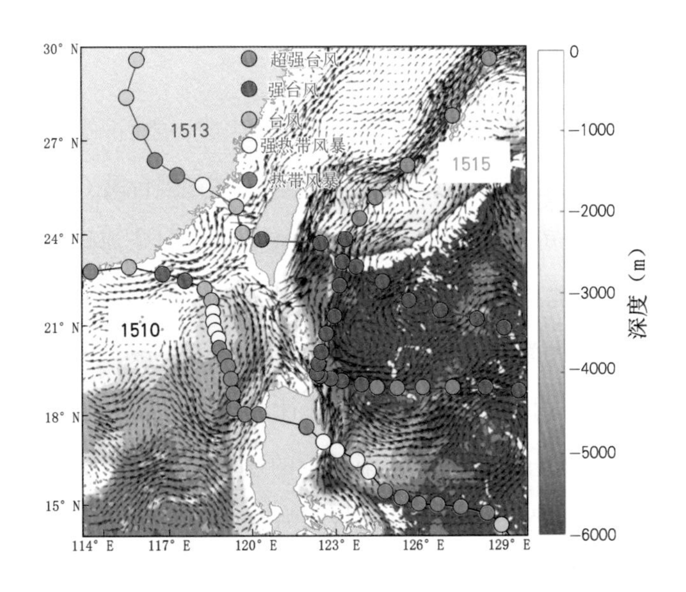


图4-1　台风1510、1513、1515路径及强度概况

201510号台风“莲花”于7月2日在菲律宾东部海域生成，之后沿着西偏北方向移动，7月5日在菲律宾东北部沿海登陆，横穿菲律宾进入南海后路径迅速北折，平行于吕宋海峡向北快速移动，移速变慢，强度维持在10级（风速28 m/s），但风力不断增强，在台湾西部外海变成台风等级，并向西北转向，影响广东沿海地区。该台风7月4日即开始影响吕宋海峡附近的黑潮，7月

6日开始北上后行进速度较慢，台风的右边缘持续影响着整个吕宋海峡内的黑潮流轴，直到7月8日台风再度西北行进时结束。

201513号台风“苏迪罗”于7月30日在西太海盆生成，之后一路向西西北移动，速度较快且强度等级不断提升，于8月8日登陆中国台湾东部沿海，风力等级为强台风（风速50 m/s），之后向西南穿过台湾后继续向西北移动登陆福建省。该台风自8月7日起即影响吕宋海峡附近的黑潮流轴，强度为强台风（风速48 m/s），并在接近台湾岛的过程中速度减慢，对黑潮区的影响时间变长，登陆台湾之前，台风结构的西侧和西南侧持续影响吕宋海峡处的海域，北侧则影响着台湾以东黑潮区；8月8日台风穿过台湾后，台风的南侧和东南侧仍影响着吕宋海峡，但风强度较之前弱（风速24 m/s），直到8月9日凌晨，风场对海峡的直接影响结束。

201515号台风“天鹅”8月15日于西太海盆生成，之后一路西行至菲律宾东北部，西行过程中强度不断增强，由热带风暴发展成超强台风（风速>52 m/s），于8月21日接近菲律宾东北部海域，移速减慢，并在吕宋海峡南侧入口处停滞打转，之后缓慢向北移动，在台湾岛东部外海转而沿黑潮方向向东北加速行进，伴随着强度增大为超强台风（风速>52 m/s）。该台风呈现沿着黑潮路径移动的趋势，于8月19日晚开始影响菲律宾东侧黑潮的上游区，强度为强或超强台风（风速51 m/s），在逐渐西行的途中风场的西侧对吕宋海峡附近黑潮区的影响越来越强；8月21日在吕宋海峡南部停留了将近24 h，并且强度仍为强台风等级；8月22日后沿着黑潮北上的方向行进，速度较慢，台风西侧的风场持续影响吕宋海峡约48 h，北侧和西北侧风场逐渐影响台湾以东黑潮；8月23日下午该台风沿着东海陆坡黑潮区一路向东北行进至日本。

# 4.2　台风“天鹅”对黑潮入侵南海的影响

## 4.2.1　台风过后黑潮对南海东北部盐度的影响

通过分析台风过境前后西北太平洋与南海盐度的变化，可以比较直观地判断出黑潮对南海的入侵程度的变化。以91 m水深为例，台风过境前［图4–2（a）］，黑潮盐度与南海值存在较大差异，普遍差值在0.2 ~ 0.5之间，盐度高值区集中在吕宋海峡众多岛屿的右侧。8月20日，台风过境时［图4–2（b），（c）］，一部分黑潮水体向西入侵，吕宋海峡岛屿左侧开始出现盐度高值；台风过境10 d后［图4–2（d）］，高盐水入侵继续增强，盐度高值区到达121° E左右；台风过境18 d后［图4–2（e）］，高盐水入侵在21° N达到最强，已经越过121° E的位置；9月10日开始，由于黑潮主轴向南海分出一支较强的西向流动［图4–2（e）］，携带高盐水体汇入南海，导致南海东北部盐度逐渐升高，在9月15日可以见到该处明显的盐度高值区［图4–2（f）］。

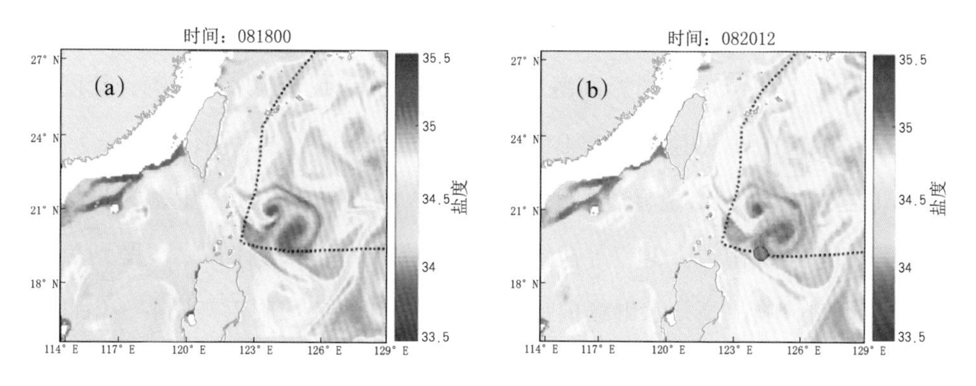


图4–2　模式计算得到的1515号台风“天鹅”过境前后黑潮向南海输送高盐水变化图（以91 m水深为例）

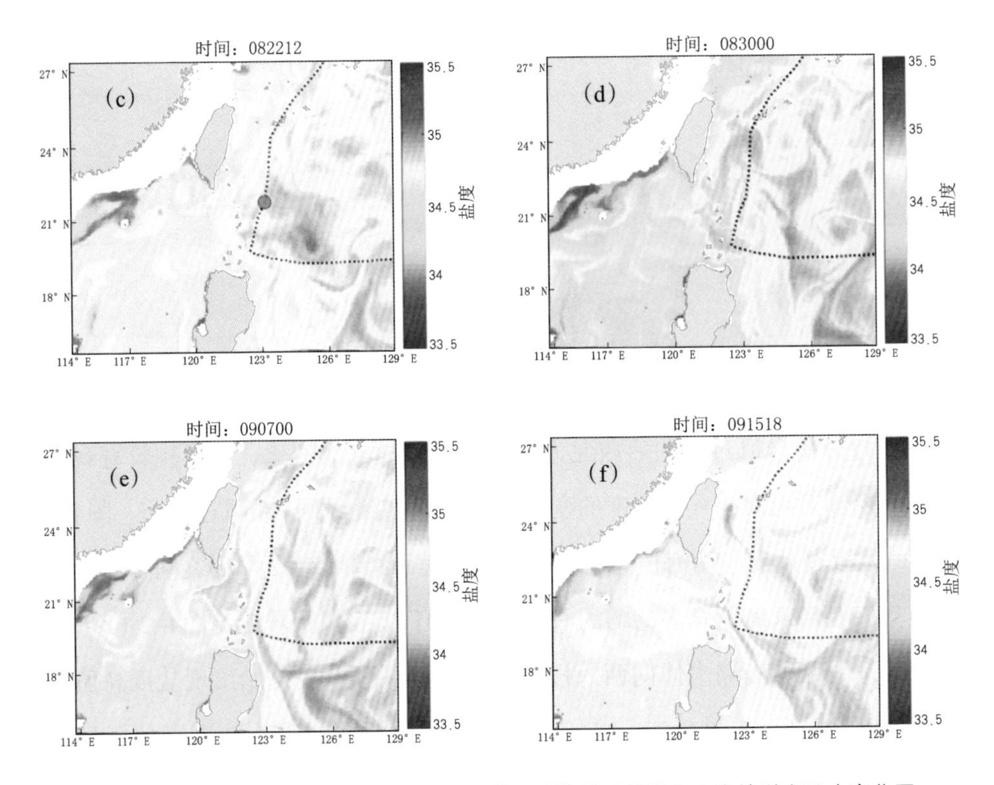


图4-2 模式计算得到的1515号台风“天鹅”过境前后黑潮向南海输送高盐水变化图（以91 m水深为例）（续）

为了更直观地体现黑潮高盐水对南海的入侵现象，本节选取入侵现象较强的21° N断面做进一步的分析。台风过境前［图4-3（a）］，大量南海表层低盐水聚集在121° E以西，121° E以东存在大量高盐水体，且深度可达400 m。台风过境后［图4-3（b）］，南海100 m以浅水体受到黑潮水的影响，盐度迅速升高，响应范围可达到119° E位置；台风过境约一周后［图4-3（c）］，50 m以深次表层也出现显著的黑潮高盐水入侵；图4-3（d）中，大量高盐水继续向西入侵南海，34.7等盐线已经到达120° E；9月10日后，受到黑潮分支流动的影响，高盐水继续向南海入侵，到达117° E附近［图4-3（e）、（f）］。121° E表层水因为与南海水融合，盐度值逐渐降低。

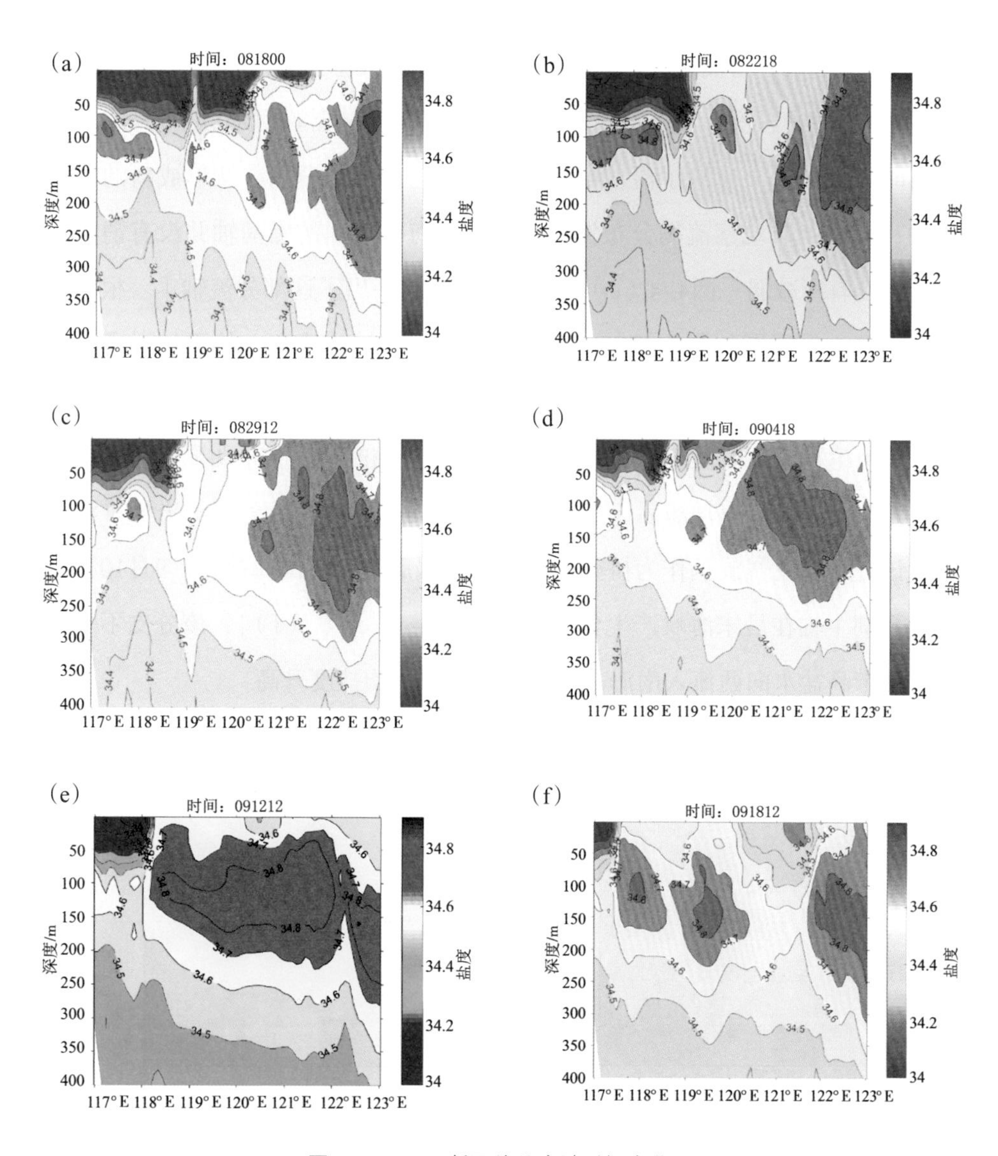


图4-3　21° N断面处盐度随时间变化图

### 4.2.2　台风过后黑潮流场的变化

台风过程中，气旋式的风场强迫会对海洋上层流场产生强烈的扰动。本节分析了台风过境前后的黑潮流场的变化，来反映台风对黑潮入侵南海的影响。

选取120 m左右深度，台风过境前，黑潮主轴如图4-4（a）所示，一定程度上向吕宋海峡内弯曲，该处流速0.6 m/s左右。台风过境时［图4–4（b）］，台风左侧风场一定程度上减弱了吕宋海峡处黑潮流速，减弱幅度为0.1～0.2 m/s。与此同时，右侧风场加强了沿吕宋岛的黑潮流向，并逐渐在右侧形成新的黑潮主轴；但是仔细观察流场分布发现，向吕宋海峡弯曲的黑潮轴并没有消失，只是速度有所减弱［图4–4（c）、（d）中用黄线突出了这部分流轴］。根据台风对南海入侵黑潮的影响机制，台风减弱了黑潮轴的流速，从而加强了黑潮对南海的入侵，这与图4–2和图4–3中盐度变化得出的结果是相符合的，也同第三章结论相一致。但图4–4（c）、（d）中黑潮轴的入侵并不明显，一方面可能是因为黑潮轴的移动滞后于盐度入侵（图3–7、图3–12）；另一方面推测是因为该处左侧反气旋涡作为桥梁，通过影响涡旋来影响南海盐度。9月10日以后，黑潮主轴在吕宋海峡产生分支流轴［图4–4（e）、（f）]，该分支不断增强并携带高盐水向西流入南海，导致南海东部平均盐度升高。

综上所述，台风“莲花”显著加强了黑潮对南海的入侵现象。

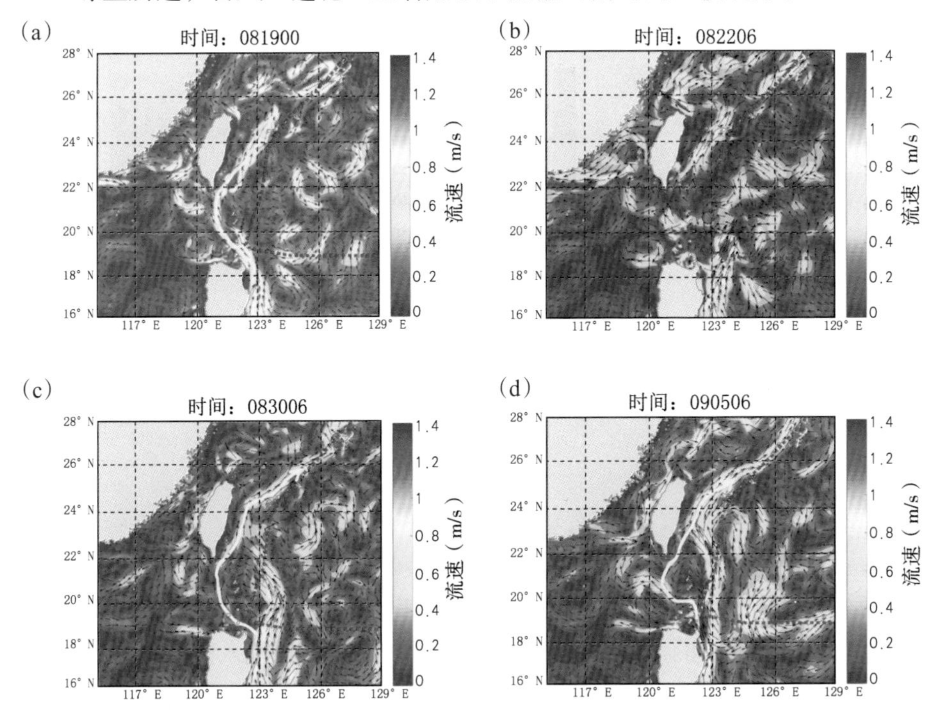


（红色虚线：台风路径；圆点：台风中心；黄色实线：黑潮流轴。）

图4–4　1515号台风过境前后119.5 m水深黑潮流场变化图

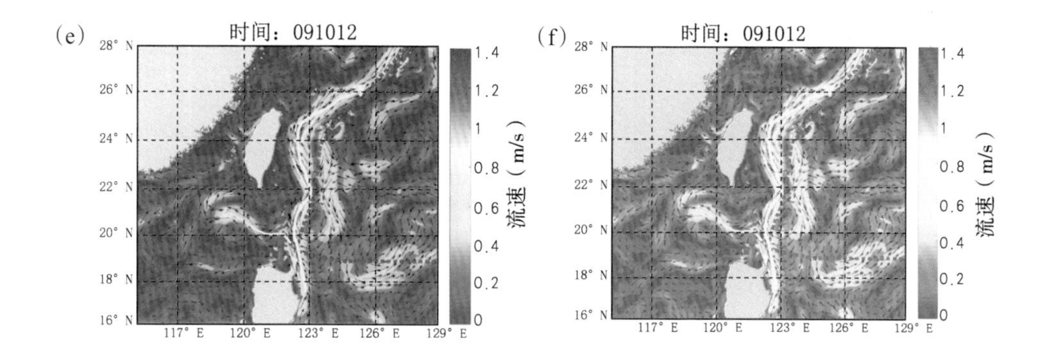


（红色虚线：台风路径；圆点：台风中心；黄色实线：黑潮流轴。）

图4-4　1515号台风过境前后119.5 m水深黑潮流场变化图（续）

# 4.3　台风“苏迪罗”对黑潮入侵南海的影响

## 4.3.1　台风过后黑潮对南海东北部盐度的影响

台风“苏迪罗”横穿过台湾岛，对吕宋海峡处及台湾岛东北侧黑潮都产生了一定程度的影响。图4-5（a）为台风过境前西北太平洋及南海90 m左右水深处盐度分布，在南海东北部已经存在一片高盐水体；台风过境后［图4-5（b）、（c）］，逐渐在该处诱导涡旋脱落（参考图4-7），而之后黑潮对南海的入侵状态较台风过境前没有较大变化。

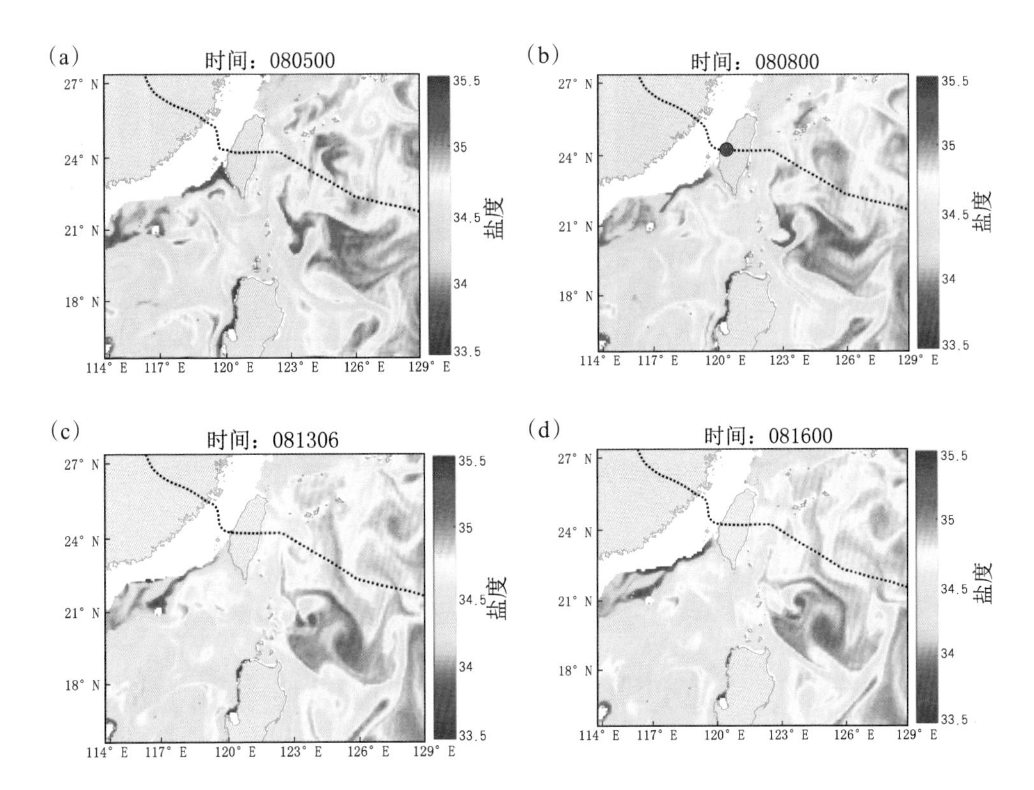


图4-5 模式计算的1513号台风“苏迪罗”过境前后吕宋海峡及台湾岛东北侧90 m左右水深盐度变化图

在台湾岛东北侧，可以看到，在台风过境后，由于台风向北的风场强迫，黑潮盐度存在明显的北偏趋势，可见台风对路径右侧黑潮的影响大于左侧。

选取21° N断面分析台风对黑潮入侵南海的影响，结果如图4-6所示。台风过境前［图4-6（a）］，南海次表层水与黑潮次表层水盐度值相似，推测是之前黑潮入侵遗留下的高盐水体；台风过境后［图4-6（b）、（c）、（d）］，南海次表层水几乎没有较大的变化，黑潮表层水部分入侵南海表层，造成盐度值的升高，但很快南海盐度恢复原状。

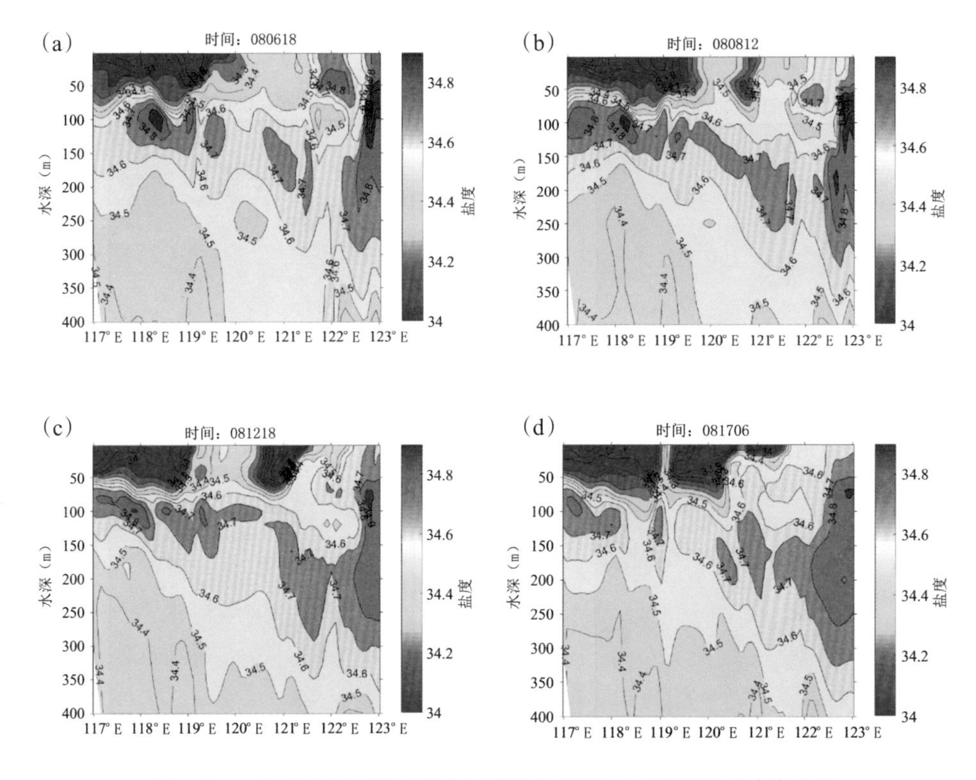


图4-6　1513号台风“苏迪罗”过境前后黑潮21° N断面处盐度变化图

## 4.3.2　台风过后黑潮流场的变化

台风过境前［图4-7（a）］，黑潮流场沿吕宋海峡东侧向北流动，黑潮向南海的入侵呈现looping状态；台风过境时［图4-7（b），（c）］，气旋式风场导致台湾岛东北侧流速迅速增大，且使得黑潮主轴向北偏转；台风过境5 d后，在南海东北侧脱落出一个反气旋涡，但该涡旋总体上并没有在台风过境前后对黑潮入侵南海有显著影响，甚至无法判断该反气旋涡的脱落是由台风引起还是原流场诱导产生的，而台湾东北部黑潮主轴仍保持有向北偏转的状态。

综上所述，台风“苏迪罗”对黑潮入侵没有较大的影响；但是在台风右侧，导致了黑潮轴往北偏转，黑潮高盐水也相应向北偏移，本书认为，这是由台风结构的右偏性导致的。另外，由于8月20日之后，研究范围内流场及盐

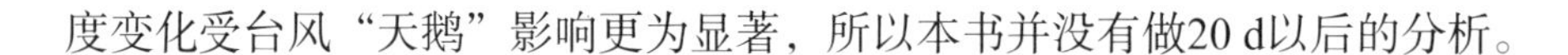

度变化受台风“天鹅”影响更为显著，所以本书并没有做20 d以后的分析。

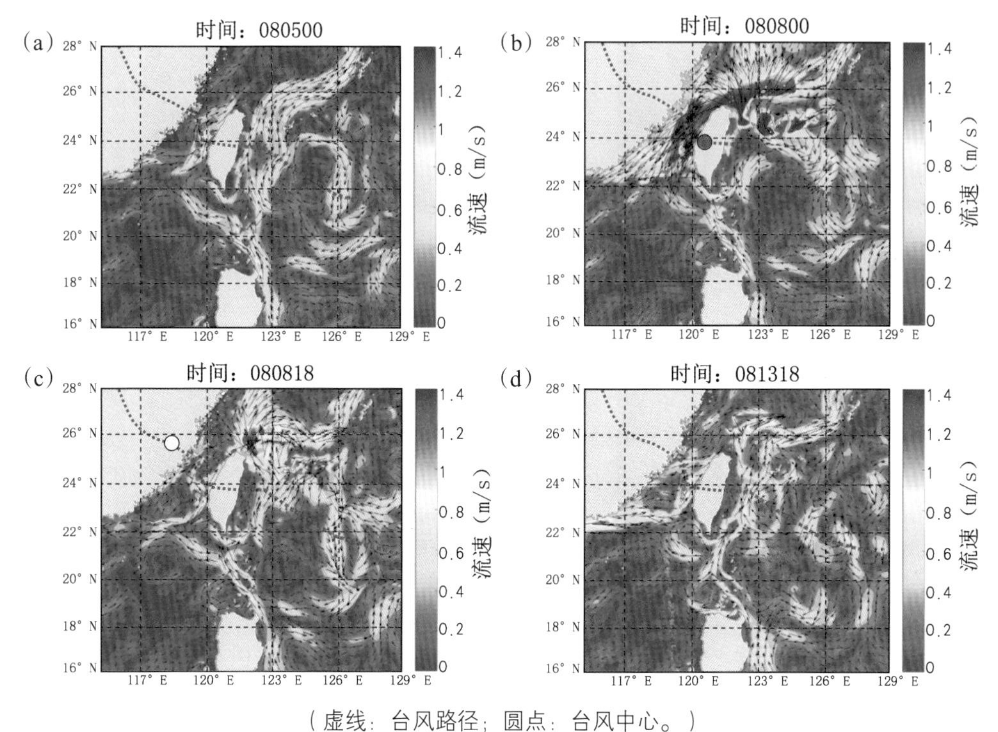


（虚线：台风路径；圆点：台风中心。）

图4-7　1513号台风“苏迪罗”过境前后119.5 m水深流场变化图

# 4.4　台风“莲花”对黑潮入侵南海的影响

## 4.4.1　台风“莲花”过境后黑潮对南海东北部盐度的影响

在图4-8中，可以看到，台风“莲花”7月6日之前穿过吕宋岛，之后沿吕宋海峡往北缓慢移动，台风总体风速偏小，移动速度较慢。7月6日，台风过境后［图4-8（b）］，受东风强迫影响，表层盐度高值区往西入侵，即加强了黑潮水向南海的入侵；7月9日前，吕宋海峡处黑潮受南风影响，流速减弱，同时台风驱动的短期气旋式流场与黑潮入侵方向相悖，综合导致了黑潮对南海的入侵减弱；但这种影响在台风离开研究海域后便不再明显了［图4-8（d）］。

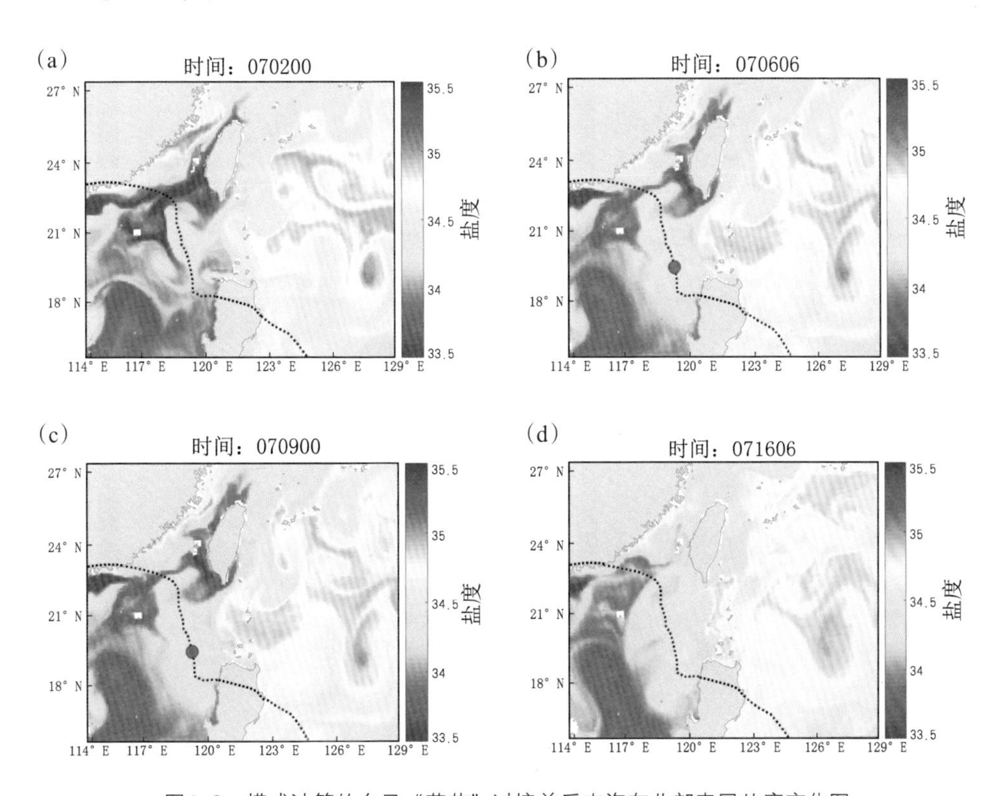


图4-8 模式计算的台风“莲花”过境前后南海东北部表层盐度变化图

图4-9（a）为台风过境前20° N盐度断面，此时，34.8等盐线在121° E位置；受台风风场强迫，7月6日时［图4-9（b）］，黑潮高盐水向南海入侵，34.8等盐线延伸至120.5° E左右；之后，台风向北移动，34.8等盐线收缩［图4-9（c）］，黑潮入侵减弱；7月15日，黑潮入侵现象不再明显。

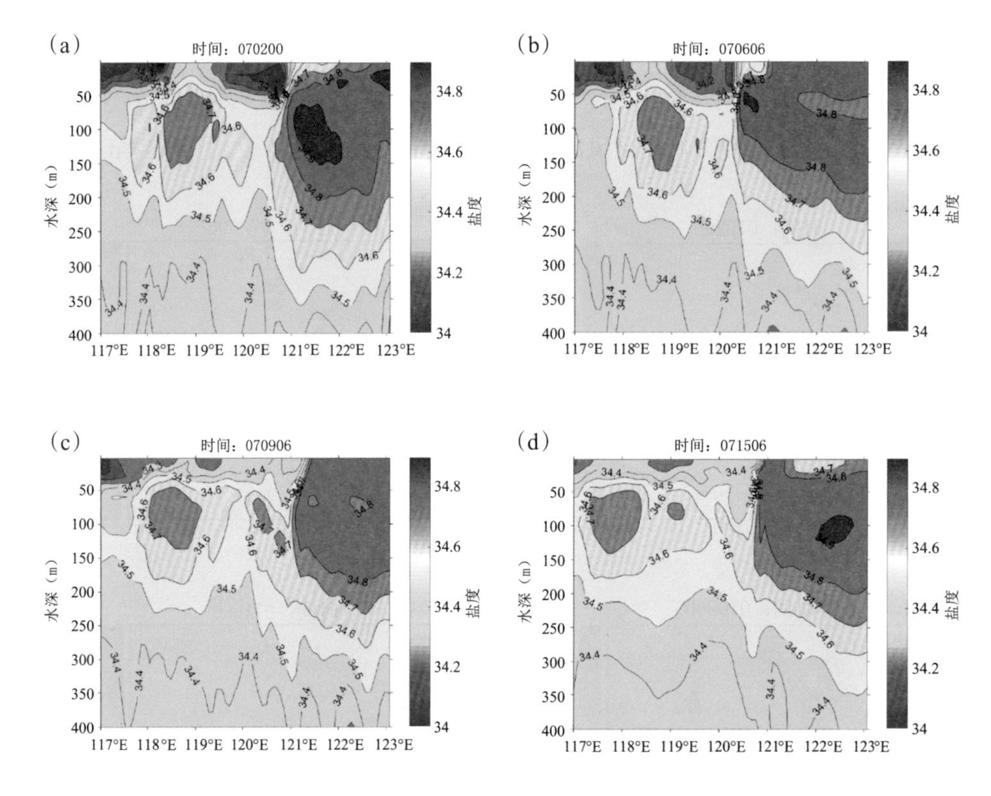


图4-9 台风过境前后20° N处盐度变化图

## 4.4.2 台风“莲花”过境后黑潮流场的变化

如图4-10（a）~（d）所示，台风过境前后黑潮主轴位置并没有较大变化。台风沿西北方向移动时，加强了台风路径右侧向西的流动［图4-10（e）］，导致黑潮入侵加强；台风向北移动时，加强了台风路径右侧向东的流动［图4-10（f）］，导致台风入侵减弱。

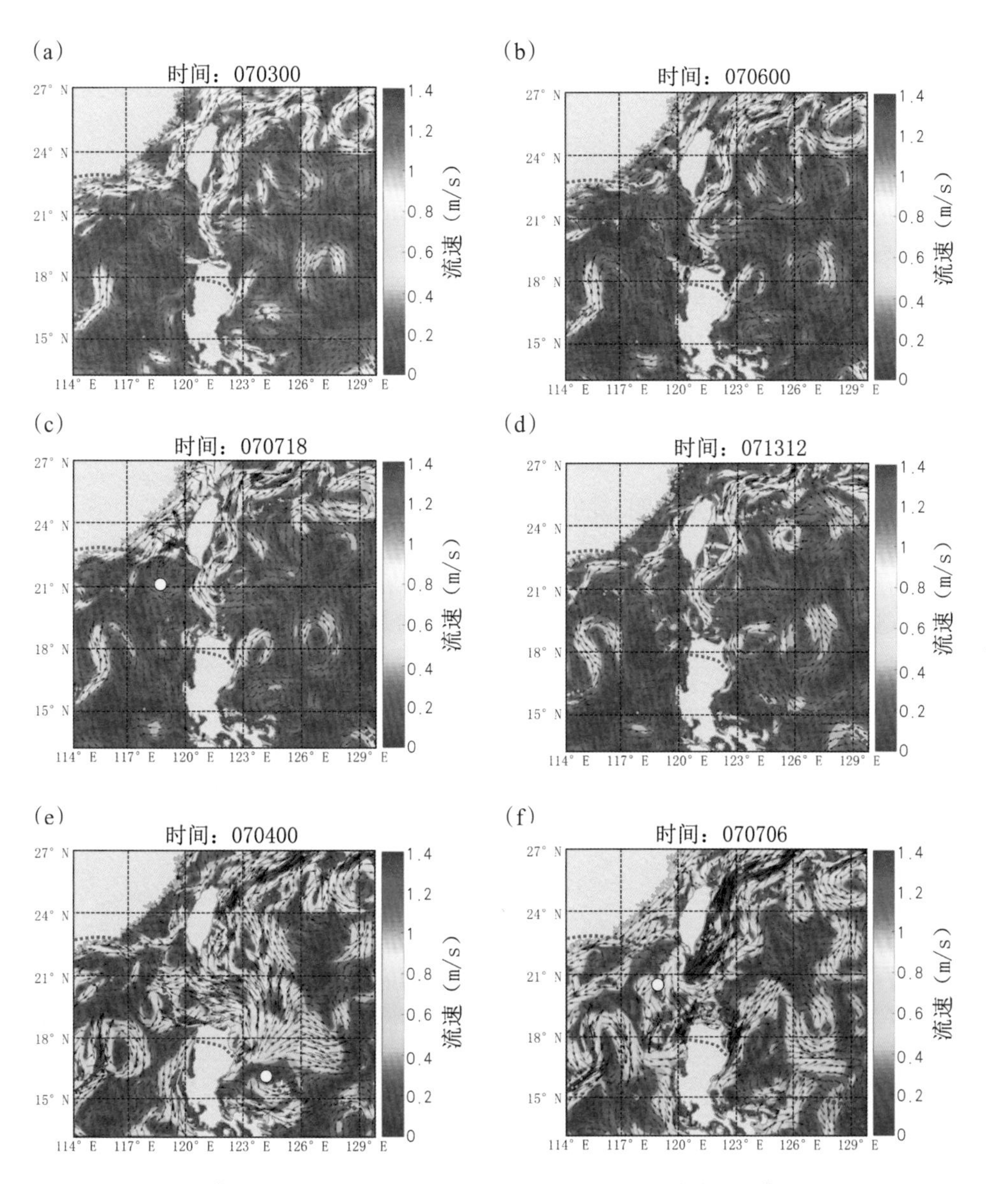


［（a）~（d）为119.5 m水深；（e）、（f）为表层。］

图4-10　1510号台风过境前后流场变化图

## 4.5 小结

通过三个不同台风“天鹅”“苏迪罗”以及“莲花”对黑潮入侵南海的影响分析，结合三个台风不同的路径及强度，可以得出以下推断。

① 沿吕宋海峡右侧北上的强台风很大程度上会加强对黑潮入侵南海的影响，而且使黑潮流轴发生明显的改变；

② 台风结构的不对称性会导致台风右侧对黑潮入侵南海的影响更显著；

③ 强度较小的台风（如10级台风）只在台风过境时对黑潮入侵南海的影响较大。

# 第五章

# 反气旋涡对黑潮以及其入侵南海的影响

黑潮主轴东侧通过前人的研究工作可知，西北太平洋的涡旋会对黑潮产生重要影响。大大小小的涡旋不计其数，并且涡旋一直处于不断变化状态，对黑潮的影响或强或弱。在研究过程中发现黑潮的东边界存在一个反气旋涡，且一直沿着黑潮主轴东边界北上，对黑潮入侵南海造成显著影响。本章通过COAWST模式模拟该影响过程，研究其对黑潮以及黑潮入侵南海的影响历程。

## 5.1 反气旋涡的特征

2015年5月16日左右，在吕宋岛东侧出现一个反气旋涡，随后此反气旋涡慢慢向黑潮靠近，在黑潮主轴附近的移动情况如图5–1所示。从图中可以看出，反气旋涡的移动方向大体上与吕宋海峡平行，在黑潮的东边界自南向北传播，其传播过程主要可分为三个阶段：如图5–1（a）~（c）所示，第一阶段为5月16日到6月3日，反气旋涡的传播速度较慢，为4.43 cm/s（$u$=2.35 cm/s，$v$=3.76 cm/s），此阶段为该反气旋涡的生长成熟阶段，直径在100 km左右，主要位于吕宋岛东北侧，随着背景流向北传的过程中逐渐增强；如图5–1（d）~（g）所示，第二阶段为6月4日到6月26日，反气旋涡的传播速度加快，为15.93 cm/s（$u$=2.73 cm/s，$v$=15.69 cm/s），从图5–1（e）可以看出6月15日该反气旋涡的生长状态，此阶段该反气旋涡已发育成熟，直径已增加至200 km，主要位于吕宋海峡东侧，此阶段时间长达23 d，此阶段对黑潮的影响比较显著；如图5–1（h）~（i）所示，第三阶段为6月27日到7月3日，6月26日以后，该反气旋涡持续北上，被吕宋海峡东北侧的一个较大反气旋涡吸收，然后随之向东北方向移动。

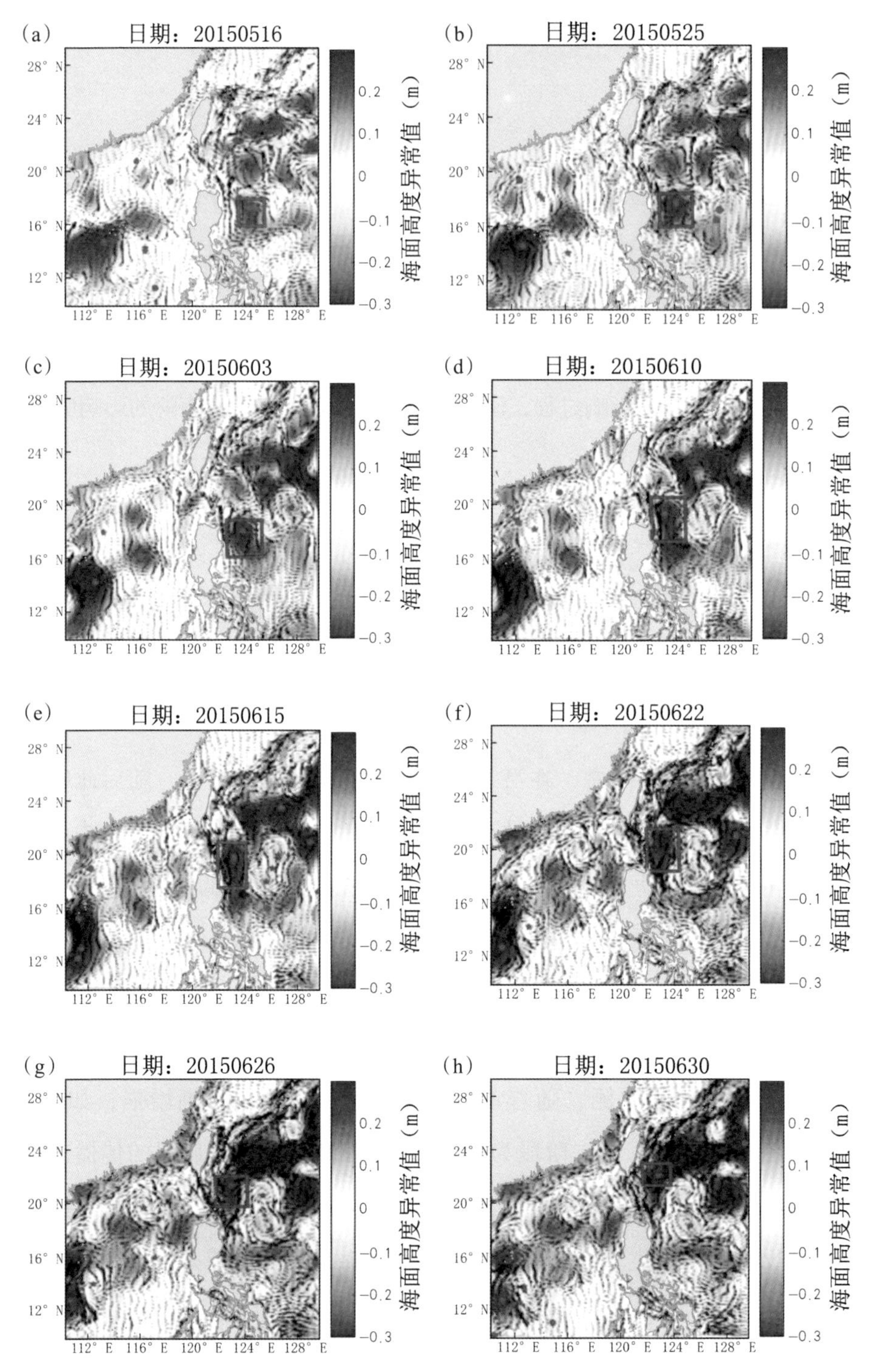


（底图：海面高度异常值；红色圆点：反气旋涡；红色五角星：气旋涡；蓝色矩形边框：所研究反气旋涡。）

图5-1　反气旋涡在黑潮附近的移动轨迹和吕宋海峡两侧涡旋分布图

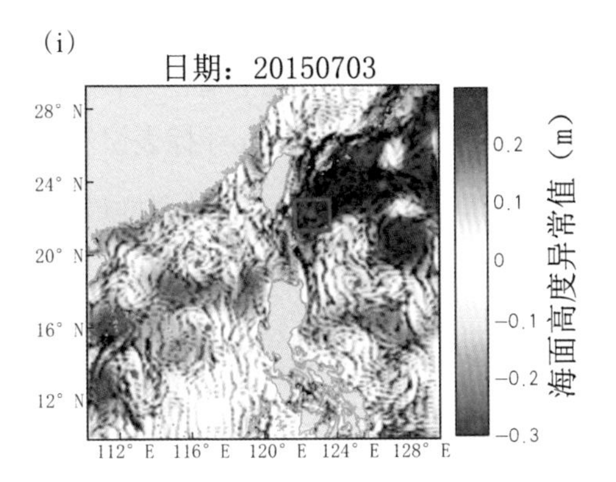


（底图：海面高度异常值；红色圆点：反气旋涡；红色五角星：气旋涡；蓝色矩形边框：所研究反气旋涡。）

图5-1　反气旋涡在黑潮附近的移动轨迹和吕宋海峡两侧涡旋分布图（续）

## 5.2　模式数据与Argo剖面对比验证

本章模式模拟时间开始于2015年6月1日00时，运行时间75 d，结束于2015年8月15日00时。模式设置范围为南北向12° N～28° N，东西向114° E～130° E，网格水平分辨率为9 km，网格数约为200×200，模式数据每6小时输出一次数据。本书在吕宋海峡东、西两侧的黑潮主轴选取了2个Argo浮标剖面，与相同位置、相同时间的模式数据进行对比，验证模式数据的可信度。选取的Argo剖面信息如表5-1所示，对比结果如图5-2所示。对比结果表明，模式数据与Argo浮标剖面的盐度变化总体趋势一致：在吕宋海峡东侧，表层Argo浮标所测得的盐度略小于模式盐度，次表层和中层的Argo浮标所测得盐度略大于模式盐度，300 m层以下的模式盐度略大于Argo浮标所测得的盐度。在吕宋海峡西侧，垂向上，无论是混合层、中层或300 m层以下，Argo浮标所测得的盐度都十分接近于模式盐度。但总体而言，两者的盐度误差大部分可以控制在0.1左右。模式数据与Argo浮标剖面的温度变化总体趋势一致：吕宋海峡两侧，模式表层温度与Argo浮标表层温度基本一致，在150 m深度附近误差最大为2℃，但其他大部分深度的温度最大误差可以较好地控制在0.5 ~ 1.0℃。模式数据运行时间较长时，后续温度、盐度的误差会比之前稍微大一些，但本次研究时间截止到2015年7月3日左右，所以此次用于分析的模式数据与实测数据相差较小。

因此，此次模式数据与实测数据较为吻合，模式数据质量较高，比较可信。

表5-1 吕宋海峡两侧所选Argo浮标剖面信息

| 浮标剖面编号 | 时间 | 经度 | 纬度 | 位置 |
|---|---|---|---|---|
| 2902945_049 | 20150723 | 122.9° E | 19.7° N | 吕宋海峡东侧 |
| 5904563_083 | 20150606 | 119.4° E | 20.7° N | 吕宋海峡西侧 |

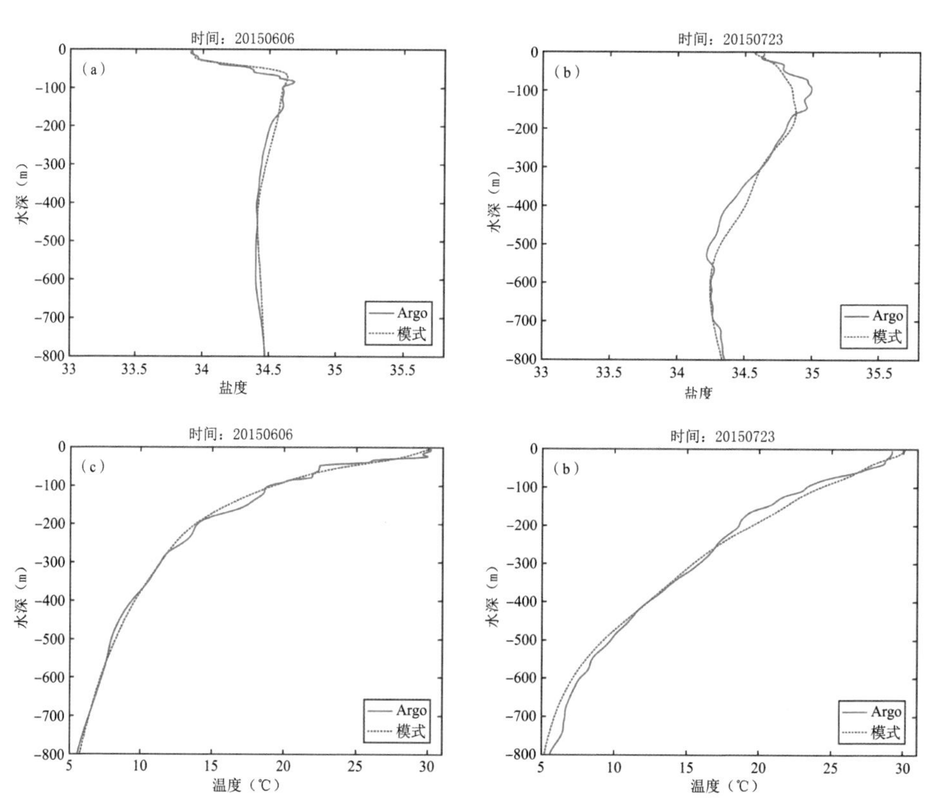


（蓝线：Argo实测剖面；红线：模式数据；第一行为盐度对比，第二行为温度对比。）

图5-2 模式数据与Argo温盐剖面对比图

# 5.3 反气旋涡对黑潮主轴的影响

紧邻黑潮边界的反气旋涡会导致黑潮主轴位置偏移和黑潮流速变化。下面对不同时间、不同界面进行详细分析。

## 5.3.1 反气旋涡对黑潮主轴位置的影响

根据119.5 m层的流速分布，我们发现在反气旋涡的影响下黑潮主轴的位置、流量以及对南海的入侵情况都在不断发生变化。为了比较直观地呈现黑潮变化历程，我们通过线条的位置和粗细展示了黑潮的分布情况（图5–3），粗红线代表平均流速大于0.8 m/s的流轴，较细红线代表平均流速大于0.4 m/s的流轴，虚线代表平均流速小于0.4 m/s的流轴。从图5–3（a）~（c）中可以看出，6月2日～8日反气旋涡在吕宋岛东南角期间，在反气旋涡的带动下，部分黑潮水被涡旋诱导向东流动，导致在吕宋海峡处黑潮主轴特别不稳定，易受到两侧涡旋或环流的影响分裂成东西两个比较弱的黑潮分支，其左侧分支以流套的形式经过吕宋海峡，部分黑潮水进入南海，但强度较小。此时黑潮主轴呈跳跃状，位置也比较靠东侧。从图5–3（d）中可以看出，随着反气旋涡北向移动，黑潮在东侧反气旋涡的压迫下，主轴逐渐恢复正常流动，并开始向南海入侵。从图5–3（d）~（i）中可以看出，随着反气旋涡移动到吕宋海峡正东侧，对黑潮入侵南海的作用逐渐增大，从图5–3可以看出，黑潮主轴东西两侧的涡旋结构十分复杂，对黑潮主轴的位置产生重要影响，在吕宋海峡处黑潮主轴的位置逐渐向西扩展。

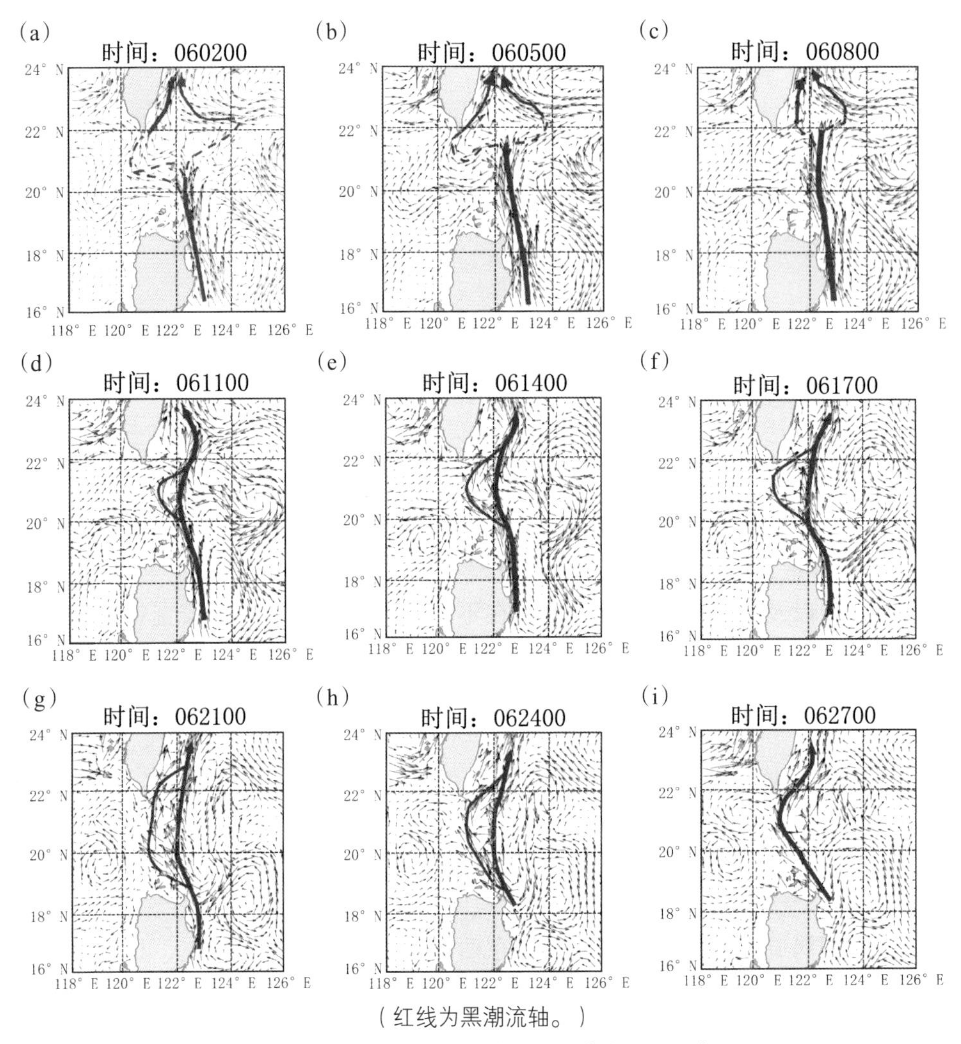


（红线为黑潮流轴。）

图5-3 反气旋涡影响下黑潮主轴的变化历程示意图

因为邻近涡旋的结构是动态多变的，黑潮主轴也随时发生相应变化，但总体而言，反气旋涡位于吕宋岛东侧时，黑潮入侵南海的程度很弱；反气旋涡位于吕宋海峡东侧时，会增强黑潮入侵南海的程度。因为呈现的是黑潮最大流速位置，上图中的黑潮主轴位置一般都在121° E以东，但其实黑潮水具有一定的流幅，黑潮西边界上的海水可以到达南海更深处。

### 5.3.2　反气旋涡对黑潮主轴流速的影响

本节在黑潮主轴18.5° N、20.5° N处流速较大的位置选取了两个断面（图5-4），计算黑潮主轴通过18.5° N断面的平均流速和通过20.5° N断面的最大流速，研究反气旋涡对吕宋海峡附近黑潮主轴流速大小的影响。

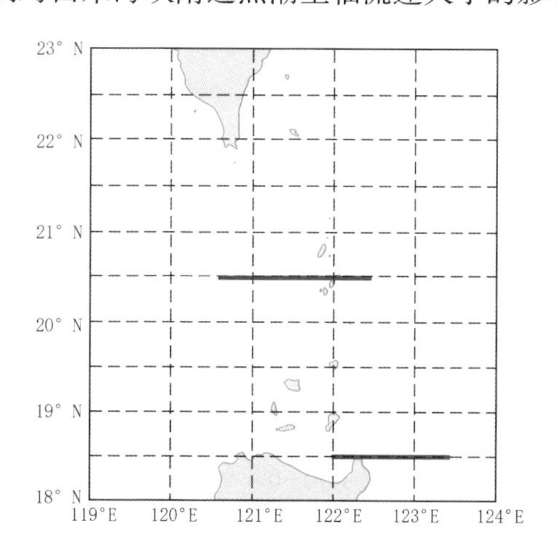


图5-4　18.5° N与20.5° N断面位置选取

6月1日—15日，涡旋紧邻黑潮主轴由南向北移动，15日涡旋南侧越过18.5° N断面继续北移，约在27日抵达20.5° N断面正东，之后往东北汇入另一较强涡旋而逐渐消失。对18.5° N断面上黑潮主轴平均流速［图5-5（a）］进行分析，结果显示：① 黑潮主轴流速在100 m以浅［图5-5（a）］较为一致，最大流速为1.4 m/s，且变化趋势基本相同，表明了100 m水深内黑潮主轴混合较为均匀，对中尺度涡的响应具有基本相同的规律；100 ~ 250 m黑潮平均流速［图5-5（b）］随深度逐渐降低，90 m深度最大流速为1.2 m/s，120 m深度最大流速为1 m/s，150m深度最大流速为0.9 m/s。190 m深度最大流速0.8 m/s，虽然流速有所差别，但总体变化趋势保持一致。② 6月1日至15日，反气旋涡左侧受西边界流强迫，右侧气旋涡的挤压以及南侧北赤道流的影响，一边向北移动，一边不断向黑潮汇入流量，导致黑潮主轴流速逐渐增大。5-5（a）中显示1日 ~ 15日黑潮主轴100 m内平均流速从0.9 m/s升高至1.3 m/s左右。③ 15日以后，涡旋离开18.5° N断面，涡旋北移过程中受到强迫逐渐变窄，为了平衡左侧涡度，反气旋涡右侧速度不断升高，与右侧西移而来的气旋涡流场相汇合［图5-1（e）］，形成向东流动的强流，减少了进入黑潮的流量，从而导致15日后黑潮主轴平均流速减弱。这一减弱现象在6月15日—21日体现得较为明显，而21日后该反气旋涡已经基本离开18.5° N，与右侧反气旋涡的相互作用已经不再明显，所以6月21日—30日黑潮主轴平均流速基本保持不变，此外15日之后黑潮涡旋已经基本离开该断面，不再向黑潮汇入流速较大的海水，导致21日以后黑潮平均速度小于初始值。④ 100～250 m反气旋涡对黑潮主轴平均流速影响随深度逐渐减弱，但总体趋势与100 m以浅基本相同，体现了在250 m以浅反气旋涡不同深度对黑潮主轴流速影响规律的一致性。

对20.5° N断面黑潮主轴最大流速进行分析，结果显示：① 黑潮主轴最大流速变化趋势在100 m以浅［图5-6（a）］基本一致，呈现出两次先增大后减小的趋势，最大流速出现在表层，可达2.3 m/s，随着深度加深最大流速逐渐减小，70 m水深处最大流速约为1.8 m/s；100～250 m黑潮各层流速［图5-6（b）］变化规律同100 m内保持一致，且各层温度随深度减小，90 m水深处最大流速约为1.7 m/s，120 m水深处最大流速约1.5 m/s。② 6月1日至6月10日，黑潮主轴通过该断面最大流速迅速增大，由0.6 m/s增加至1.5 m/s左右，结合图5-3（a）～（c）黑潮主轴图分析可知，受到涡旋不断汇入的流速较大的海水影响，黑潮主轴流速迅速增大，在122° E～123° E范围内主轴向北延伸，同时减弱了向西对南海的入侵，这与主轴的变化是相符合的，6月11日～14日，黑潮主轴处产生分支向南海入侵，且入侵逐渐增强，导致主轴处最大流速被削弱，6月14日—17日，黑潮主轴最大流速有较大增加，是一部分涡旋水体汇入了该断面处的黑潮所致（在入侵南海的位置偏北），由于黑潮主轴流速增大，导致黑潮入侵南海的水体流速有所减弱，所以这一段时间黑潮入侵南海的范围是增强的。③ 6月17日后，涡旋继续向北移动经过吕宋海峡右侧，由于黑潮在此处没有西边界陆地作为依托，其不够稳定的边界流更容易受到涡旋流场的影响而改变入侵状态，此时涡旋受到东北侧一个更大的反气旋涡牵引［见图5-1（f）］，携带大量能量与黑潮流速较大的水体向东北侧涡旋靠近并逐渐融合，从而大大减弱了黑潮主轴在122° E～123° E的流速，导致黑潮主轴向南海入侵，并且其入侵流速小于初始状态；④ 100～250 m水深黑潮主轴最大流速变化趋势与100 m以浅基本一致，流速随深度递减，体现了250 m以浅深度涡旋影响黑潮入侵在各层的一致性。

（a）

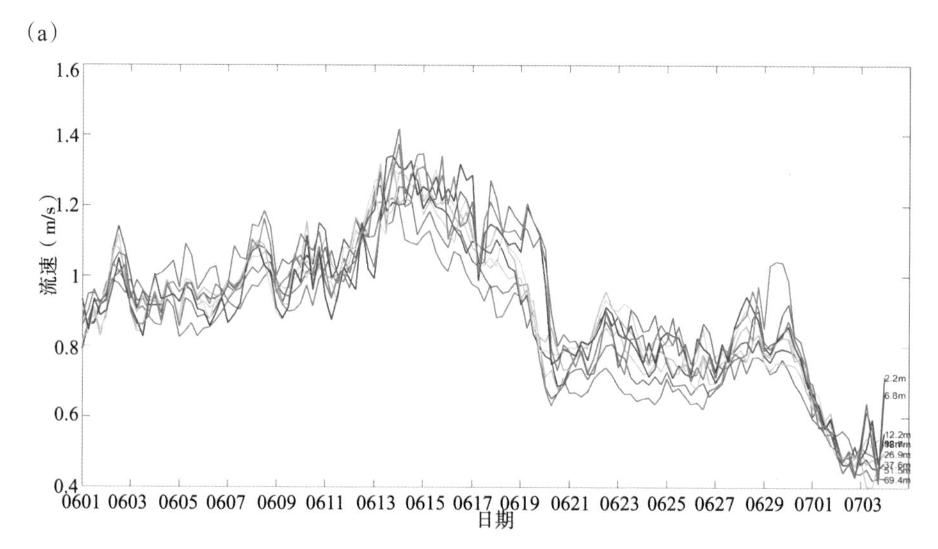


（b）

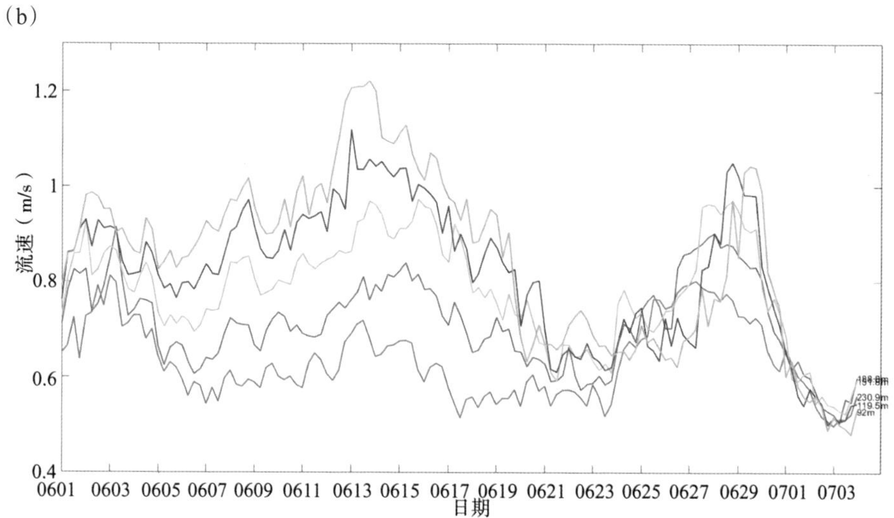


图5-5　（a）100 m以浅各层黑潮轴经18.5° N断面平均流速；（b）100～250 m各层黑潮轴经18.5° N断面平均流速

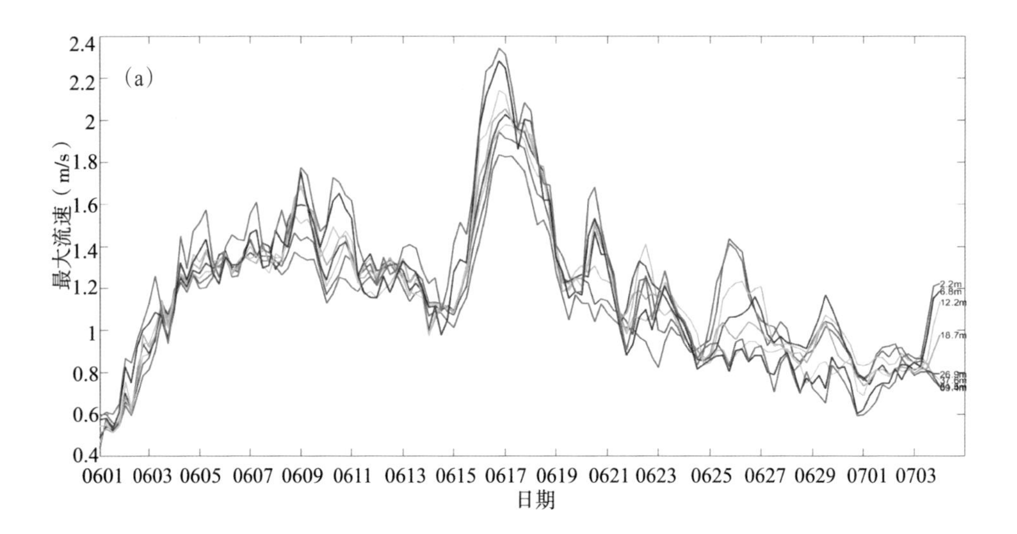


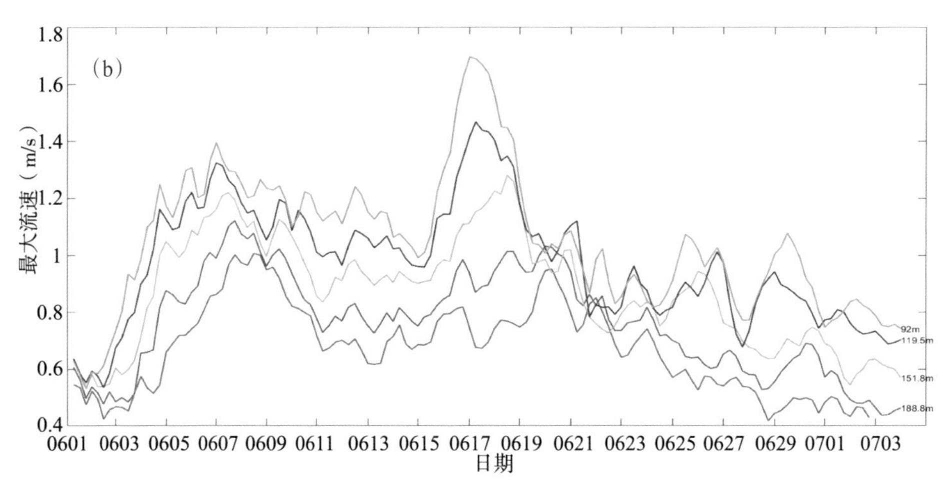


图5-6 （a）100 m以浅各层黑潮轴经20.5° N断面平均流速；（b）100～250 m各层黑潮轴经20.5° N断面平均流速

# 5.4　反气旋涡引起的黑潮入侵对南海东北部盐度的影响

吕宋海峡东侧反气旋涡的存在直接影响到黑潮入侵南海，并对南海东北部的盐度产生重要影响。下面进行详细分析。

西北太平洋盐度和南海盐度有较大的差别，119.5 m水深处的海水受到黑潮的影响比较稳定，图像比较直观，通过分析119.5 m水深的盐度平面分布，可以判断黑潮入侵南海的程度，从而研究反气旋涡对黑潮入侵南海的影响。

图5–7（a），（b），（c），（d）分别表示6月2日、6月13日、6月24日以及7月2日119.5 m水深的盐度平面分布图。从图中可以看出，反气旋涡对黑潮入侵南海的影响大致可以分为三个阶段。第一个阶段为反气旋涡在吕宋海峡东南侧且初步接触黑潮时，如图5–7（a）所示，此时该反气旋涡的强度较弱，且位于吕宋岛东南侧，距离吕宋海峡较远，盐度的分布没有明显变化。第二个阶段为反气旋涡发育成熟且向北移动时，如图5–7（b）所示，该反气旋涡发育成熟，强度较大且持续向北移动，已到达吕宋海峡南侧。从图中可以看出，此时盐度分布已经开始发生变化，主要表现为吕宋海峡处盐度较弱，高盐度海水影响范围的西边界由119° E扩展到118° E左右。第三个阶段为反气旋涡位于吕宋海峡中部附近，如图5–7（c）所示。高盐度海水继续西向移动，到达117° E左右。如图5–7（d）所示，高盐水范围已开始向东侧收缩，此时该反气旋涡已位于吕宋海峡北侧。此后，该反气旋涡继续北上，被吕宋海峡东北处强度较大的反气旋涡吸收，与黑潮的相互作用结束。

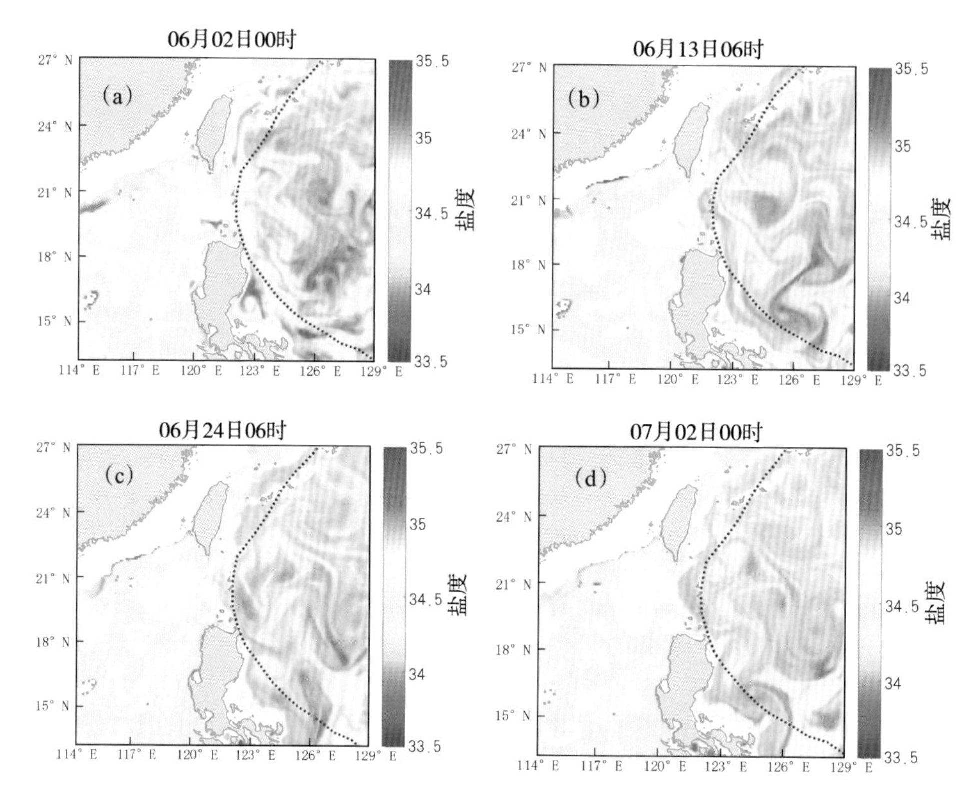


图5-7 反气旋涡影响前后119.5 m盐度平面分布随时间的变化图

反气旋涡所处的位置不同时与黑潮会有不同的相互作用。当反气旋涡较小且与吕宋海峡距离较远时，它的强度不足以对黑潮产生影响，黑潮入侵南海的程度不会发生太大的变化；此后，反气旋涡发育成熟且继续北上，当位于吕宋海峡南端时，此反气旋涡强度变大。由于反气旋涡旋的作用，吕宋海峡处黑潮主轴东向偏移，其中一部分流量被该反气旋带走，能量减弱，黑潮入侵不明显。而当反气旋涡继续北移，位于吕宋海峡东侧时，涡旋作用下海表面高度的升高，在西北太平洋和南海的海表面高度差的影响下产生了由西北太平洋指向南海的压强梯度力。在压强梯度力的作用下，海水势能转化为动能，在一定程度上加强了黑潮对南海的入侵。

黑潮向南海入侵位置在20.5° N最为显著（图5–7），选取20.5° N盐度断面来研究台风对黑潮入侵南海的影响（图5–8）。如图5–8（a）所示，6月1日反气旋涡还未对黑潮造成太大影响，此时34.7等盐线在100 m水深层左右可到达120° E左右，34.8等盐线在170 m水深层左右可到达120.5° E左右，并且在偏西向季风的作用下，50 m水深以上南海120.3° E以西的位置全部被南海表层典型低盐水覆盖。如图5–8（b）所示，在6月5日时，34.8等盐线退居到了122° E以东，结合此时反气旋位置以及黑潮主轴的位置发现，此时反气旋涡在吕宋岛东侧，强劲的反气旋涡会带走部分黑潮水，并使得黑潮主轴稍向东偏移，此时吕宋海峡处的黑潮较弱，入侵南海的黑潮水也相对减少。如图5–8（c），（d）所示，在6月10日之后，反气旋涡到达吕宋海峡东南侧并开始加强黑潮入侵南海，34.7等盐线在100 ~ 200 m水深层可到达119.5° E左右，34.7等盐线再次向西延伸并到达121° E附近，南海表层在不断加强的黑潮入侵水的影响下，低盐水被推移到119° E以西，后退了1.3° 左右。如图5–8（e）所示，在6月25日，此时反气旋涡到达吕宋海峡的正东侧，对黑潮入侵南海的影响达到最大，34.6等盐线在130 m水深左右可到达117.7° E附近，34.7等盐线在130 m水深可到达118.3° E左右，34.8等盐线在130 m水深左右可到达120.2° E附近，高盐水的范围明显变广变深，同时也说明了此时吕宋海峡处的黑潮流量比较大，强度比较强。如图5–8（f）所示，在7月2日左右，该反气旋涡北上到了台湾岛东侧，且其强度不断减弱，最终被另一个强大的反气旋涡吸收并消失，其对黑潮入侵南海的作用也就此终止，34.8等盐线也再次退缩到了121° E附近。总之，20.5° N断面处的盐度变化将反气旋涡对黑潮入侵南海的程度是先减弱后增强的现象呈现得淋漓尽致。

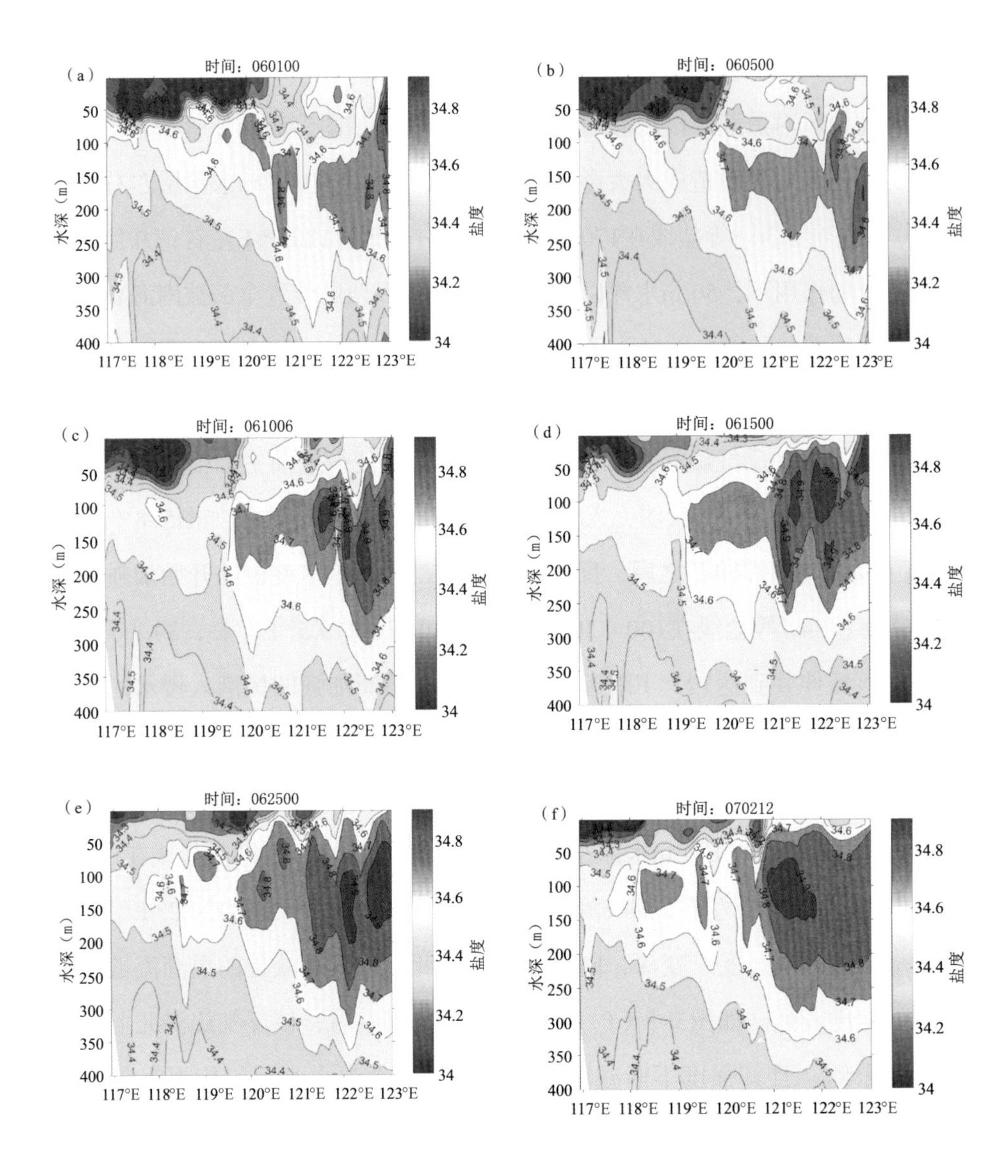


图5-8 反气旋涡影响前后20.5° N断面盐度随时间的变化图

为了更清晰地体现反气旋涡对黑潮入侵的影响，取吕宋海峡附近的一片区域（117° E ~ 122° E，19° N ~ 22° N）各层盐度的平均值作为该海区的特征值，以不同时刻盐度特征值的变化反映黑潮入侵的变化。图5-9显示了6月1日反气旋涡经过吕宋海峡北上以来，所选区域各层盐度都有不同程度的升高，体现了台风对黑潮入侵南海各深度层不同的影响。

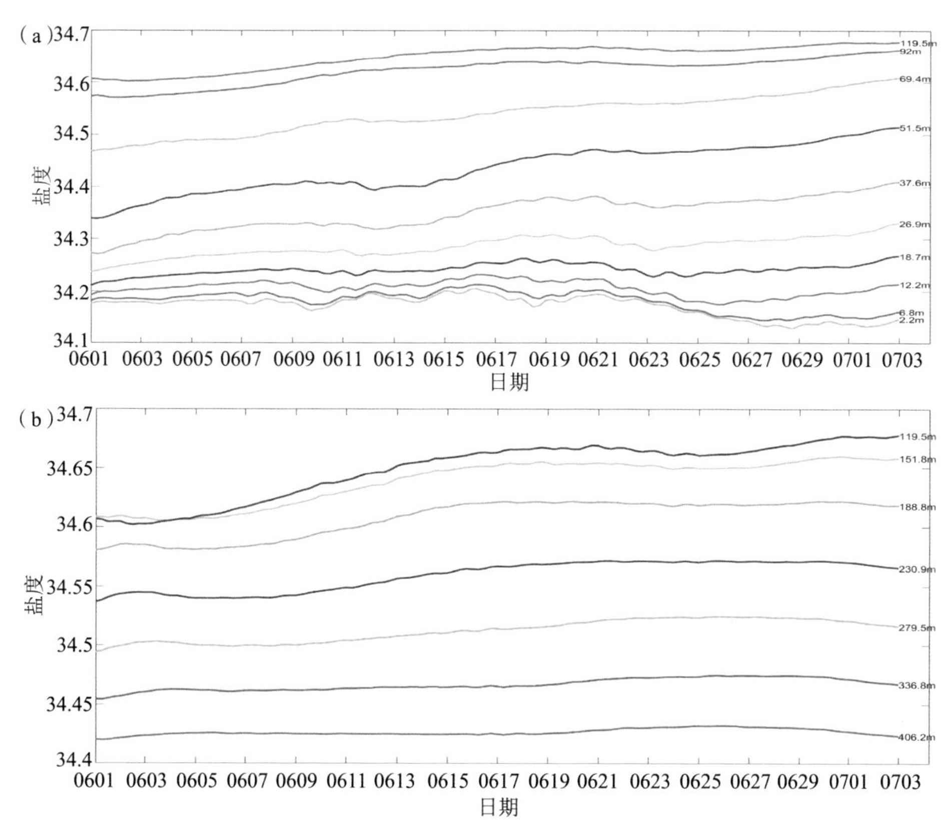


图5-9 （a）120 m以浅南海东北部各层平均盐度随时间变化图；（b）120～400 m南海东北部各层平均盐度随时间变化图

由图5-9可以看出10 m以上表层盐度偏低且变化不大，不但没有增大，并且在反气旋涡对黑潮入侵的作用减弱后该部分水体盐度有下降趋势，在上一段落已经提到，偏西向季风的作用下南海东北部表层被典型的低盐水堆积覆盖。50～120 m次表层范围内的盐度变化最明显，从6月10日左右开始该部分盐度有明显的增加趋势，并一直持续到6月29日左右，由于此时间后该反气旋涡对黑潮的作用不断减弱直至消失。230～400 m水深范围内，盐度有些许增大，但变化不大。结合图5-8盐度断面图，说明此次黑潮入侵主要发生在230 m以浅，尤其是100～150 m之间。

综上所述，反气旋涡经过吕宋海峡附近的黑潮时，对该海域黑潮流速造成了较大的影响。当涡旋在吕宋岛东侧时，受到黑潮的西边界强流强迫，涡旋流场会不断加强西边界流流速，黑潮流速增加，向南海入侵的流量减小，从而减弱对南海的入侵；当涡旋经过吕宋海峡东侧时，黑潮失去了西边界的依托，导致涡旋受到黑潮的强迫变弱，加上东北侧的另一个反气旋涡的牵扯，涡旋携带一部分能量与流速较大的黑潮水向东北移动，并逐渐汇入该处的反气旋涡，导致黑潮主轴流速减弱，入侵加强。由于表层受到偏西向夏季风的影响而堆积大量低盐水，盐度变化最明显的是次表层，尤其是100 ~ 150 m最甚。在反气旋涡的影响下，34.6等盐线可由120° E西向移动到117.7° E，位置扩展达2.3° 之多，可见反气旋涡对黑潮入侵南海的作用是可观的，不容忽视的。

## 5.5 本章小结

① 当反气旋涡在吕宋海峡东南侧时，会使黑潮主轴平直向北，黑潮入侵南海的强度较弱；当反气旋涡在吕宋海峡东部时，可使黑潮主轴向南海弯曲，入侵加强。

② 当反气旋涡接近黑潮边界时，一部分涡旋水进入黑潮，可使黑潮主轴流速增大；反气旋涡离开黑潮后，黑潮流速减小。

③ 黑潮向南海入侵位置在20.5° N最为显著。

④ 入侵强度较大时，在130 m水深处，34.6等盐线可到达117.7° E附近，34.7等盐线可到达118.3° E左右，34.8等盐线可到达120.2° E附近。

⑤ 由于表层受到偏西向夏季风的影响而堆积大量低盐水，南海盐度变化最明显的层为次表层，尤其是100 ~ 150 m最甚。

# 第六章

# 黑潮入侵对南海的影响

## 6.1 黑潮对南海的水体、热量和盐度输入

### 6.1.1 台风对黑潮入侵南海的水体通量的影响

以台风1506影响为例，选取121° E经度断面，计算400 m以上黑潮通过该断面向南海输送的水体通量$Q$。计算公式如下[109-110]：

$$Q=\sum_i v_{ni} A_i \qquad (6\text{-}1)$$

其中，$v_{ni}$为通过断面上第$i$个网格的法向流速分量，$A_i$为该网格的面积。水体通量1 Sv=1 × 10^6^ m^3^/s.

图6-1（a）中，蓝色部分为台风到来之前的黑潮入侵南海的水体通量，红色部分为台风到达吕宋海峡时和台风过后的黑潮入侵南海的水体通量。如图所示，台风到达吕宋海峡后，黑潮入侵南海的水体通量迅速增加，在台风过后6 d左右黑潮入侵量达到最大值，最大值可达到22 Sv左右，最大入侵状态维持了一周，随后入侵量呈现下降趋势，并于台风过境25 d左右恢复至台风到达之前的入侵状态。

图6-1（b）中蓝色线段、红色线段分别为台风过境前、后黑潮流入南海的西向流速随深度的变化情况。如图所示，台风过境后，400 m以浅黑潮流入南海的西向流速在各深度层都大幅度增加，其中最明显的位置是在20 ~ 100 m，表明台风对黑潮入侵的影响在次表层最为显著。随着深度加深，台风对黑潮向南海的西向流速的增幅影响逐渐减小。

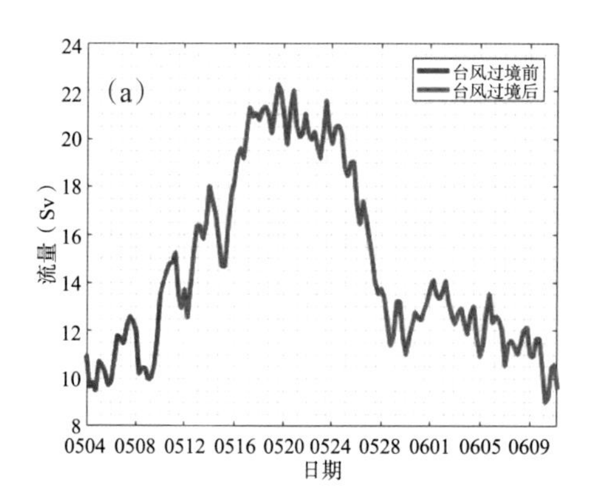


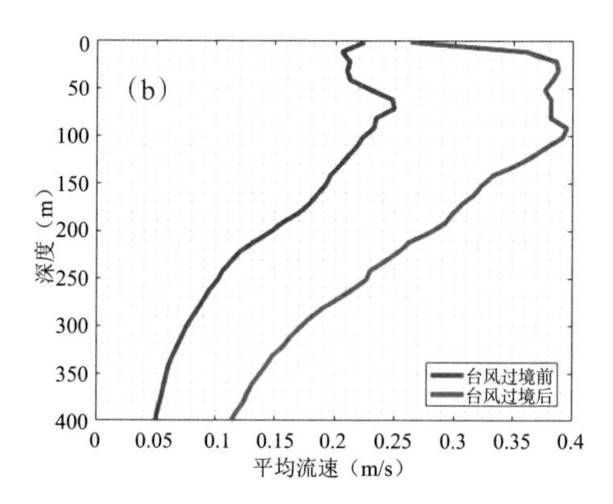


图6-1 （a）400 m以上台风前后黑潮向南海输运水体通量；（b）各深度层上向南海的平均流速，每层厚度为10 m

计算台风前后不同水深范围内黑潮入侵南海水体通量平均值，并计算台风贡献率，结果如表6-1所示：在400 m以上，台风前黑潮入侵南海的总水体通量平均值为10.96 Sv，台风后可达到18.33 Sv，台风贡献率高达40.2%，600 m以上，台风贡献率高达40.7%；台风对黑潮入侵南海水体通量增幅最大的位置在20 ~ 200 m的次表层，增幅随水深逐渐减弱，但台风的贡献率依然显著；台风对表层水体通量增幅较次表层小。

表6-1 台风前后黑潮入侵南海的水体通量

| | 0 ~ 20 m（表层） | 20 ~ 200 m（次表层） | 200 ~ 400 m（次表层） | 400 m以上总量 | 600 m以上总量 |
|---|---|---|---|---|---|
| 台风前（Sv） | 0.89 | 7.07 | 3.00 | 10.96 | 12.54 |
| 台风后（Sv） | 1.23 | 11.70 | 5.41 | 18.33 | 21.15 |
| 台风贡献率 | 27.6% | 39.6% | 44.5% | 40.2% | 40.7% |

### 6.1.2 台风对黑潮入侵南海的热、盐通量的影响

选取121° E经度断面，计算400 m以上黑潮通过该断面向南海输送的热通量$H$、盐通量$S$。计算公式如下[109-110]：

$$H=\sum_i T_i\rho_i C_p v_{ni} A_i \qquad (6\text{-}2)$$

$$S=\sum_i s_i\rho_i v_{ni} A_i \qquad (6\text{-}3)$$

其中，$T_i$为断面上第$i$个网格的温度，$\rho_i$为该网格的密度，$C_p$为海水定压比热容，$s_i$为第$i$个网格的盐度。热通量1 J/s（焦耳/秒）= 1 W（瓦特），1 PW=$1\times10^{15}$ W。盐通量单位为g/s（克/秒），1 Gg/s =$1\times10^{9}$ g/s。

图6–2中，蓝色部分为台风到来之前的黑潮入侵南海的入侵量，红色部分为台风到达吕宋海峡时和台风过后的黑潮入侵量。台风“红霞”过后6 d左右热通量达到最大值，最大值可达1.8 PW、800 Gg/s，维持约一周后开始下降，台风过后25 d后基本恢复至台风前的入侵状态。

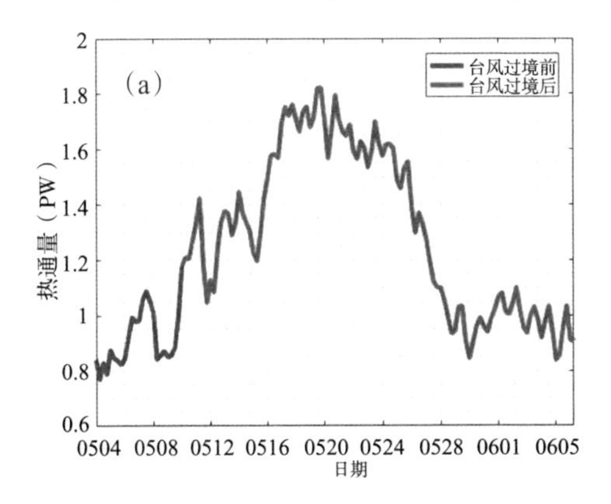


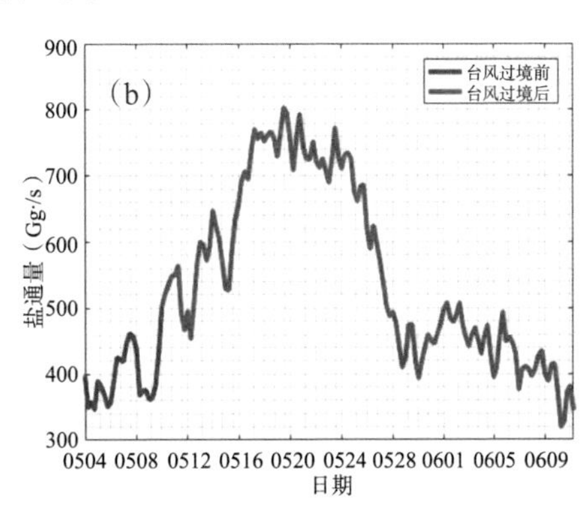


图6–2　台风前后黑潮入侵南海热通量（a）、盐通量（b）变化图

计算台风前后不同水深范围内黑潮入侵南海热、盐通量平均值，并计算台风贡献率，结果如表6–2、6–3所示：在400 m以上，台风前黑潮入侵南海的总热通量、盐通量平均值分别为0.89 PW、389 Gg/s，台风后可达到1.47 PW、651 Gg/s，台风贡献率分别为39.5%、40.2%，600 m以上，台风贡献率分别为39.8%、40.7%；台风对黑潮入侵南海热、盐通量增幅最大的位置在20 ~ 200 m次表层；台风对表层热、盐通量增幅较次表层小。

表6–2　台风前后黑潮入侵南海的热通量

| | 0 ~ 20 m（表层） | 20 ~ 200 m（次表层） | 200 ~ 400 m（次表层） | 400 m以上总量 | 600 m以上总量 |
|---|---|---|---|---|---|
| 台风前热通量（PW） | 0.10 | 0.63 | 0.16 | 0.89 | 0.95 |
| 台风后热通量（PW） | 0.14 | 1.03 | 0.30 | 1.47 | 1.57 |
| 台风贡献率 | 28.6% | 38.8% | 46.7% | 39.5% | 39.8% |

表6–3　台风前后黑潮入侵南海的盐通量

| | 0 ~ 20 m 表层 | 20 ~ 200 m 次表层 | 200 ~ 400 m 次表层 | 400 m以上总量 | 600 m以上总量 |
|---|---|---|---|---|---|
| 台风前热通量（Gg/s） | 32 | 252 | 106 | 389 | 445 |
| 台风后热通量（Gg/s） | 43 | 417 | 192 | 651 | 751 |
| 台风贡献率 | 25.6% | 39.6% | 42.4% | 40.2% | 40.7% |

## 6.2　南海东北部次表层盐度变化与黑潮入侵强度的关系

为研究黑潮入侵强度对南海次表层盐度的影响，现选取2003—2019年16° N ~ 23° N、113° E ~ 125° E范围内的所有Argo浮标盐度数据进行对比［图6–3（c）］，将Argo数据在经向上进行统计，分析吕宋海峡（121° E左右）两侧次表层的最大盐度值及其变化。南海东北部次表层盐度小于吕宋海峡东侧的次表层盐度，南海次表层的最大盐度值可较好地代表黑潮入侵对南海东北部的影响程度。

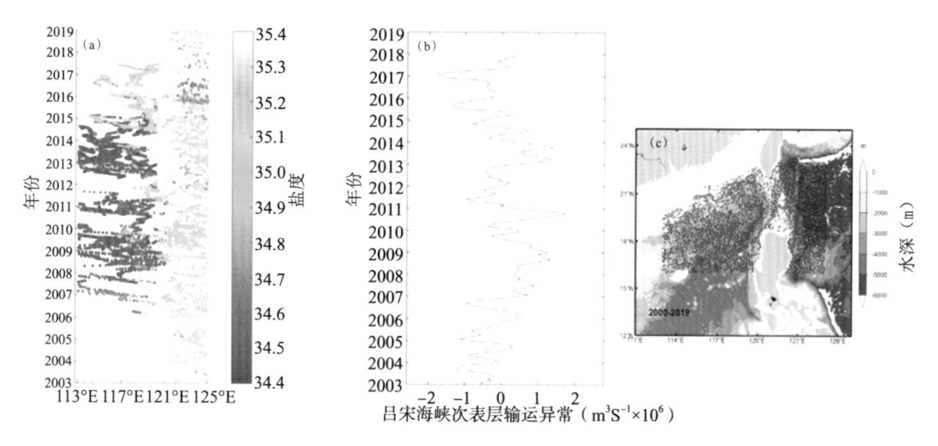


图6-3 （a）吕宋海峡两侧次表层盐度最大值，（b）吕宋海峡次表层输运异常，（c）所选Argo分布图

图6-3（a）、（b）为吕宋海峡两侧次表层盐度最大值和吕宋海峡次表层海水输入异常的对比图，可以看出：吕宋海峡以东的次表层盐度最大值一般大于35.0；吕宋海峡以西的次表层盐度最大值大部分小于35.0，有些甚至小于34.5；吕宋海峡以西的次表层盐度最大值小于吕宋海峡以东；自2014年中，吕宋海峡以西的次表层盐度最大值有明显的增大趋势；自2014年初，吕宋海峡次表层向西输入量有明显增加趋势（负值表示西向输入）。陈兴荣等的研究认为，2016—2017年间南海次表层盐度增大是受到吕宋海峡自西向东水体输运的影响，并滞后半年时间[111]，图6-3（a）、（b）两图趋势吻合较好。这说明，黑潮入侵影响南海东北部次表层盐度，南海东北部次表层的盐度最大值分布可以较好地代表黑潮入侵强度，但其相对于吕宋输运具有一定的滞后性。

# 6.3 黑潮入侵对南海中尺度涡的影响

表6-3为滑翔机1000J003相关信息。图6-4显示了一个代表性滑翔机CTD剖面的质量控制效果以及与一个相近的历史Argo剖面的比对结果（蓝色实线：滑翔机原始下降温度剖面，绿色实线：滑翔机原始上升温度剖面；黑色实线：滑翔机上、下平均温度剖面；红色实线：Argo温度剖面；蓝色虚线：滑翔机原始下降盐度剖面；绿色虚线：滑翔机原始上升盐度剖面；黑色虚线：滑翔机上、下平均盐度剖面；红色虚线：Argo盐度剖面），相关信息详见表6-4。结果表明：① 在强温跃层海域，经热滞后校正及质量控制后获得的滑翔机CTD平均剖面（图中黑色线条）与邻近的历史Argo剖面（图中红色线条），无论在温、盐度垂直分布还是T-S曲线图上，两者均十分吻合，特别是在800 m以下，两者几乎重合；② 计算的600 m以深两者的盐度误差，其中，600 ~ 800 m深度之间约为0.02，800 m以下为0.01，都能满足国标［《海洋调查规范　第2部分：海洋水文观测》（GB/T 12763.2—2007）］对盐度准确度一级标准（±0.02）的要求，且在800 m以深甚至满足国际Argo计划提出的0.01的盐度精度要求。由此可见，经过后处理的滑翔机CTD剖面数据的质量还是可信的，而且也是可靠的。如果在滑翔机观测的同时，能利用船载CTD仪在某些特定的剖面上现场观测进行比较，会更有利于对滑翔机CTD资料的质量控制。

表6-4　水下滑翔机海试航次相关信息

| 滑翔机编号 | 试验海域 | 观测时间 | 最大观测深度（m） | 剖面数（个） |
|---|---|---|---|---|
| 1000J003 | 南海中北部 | 20150428—20150601 | 1022.3 | 204 |

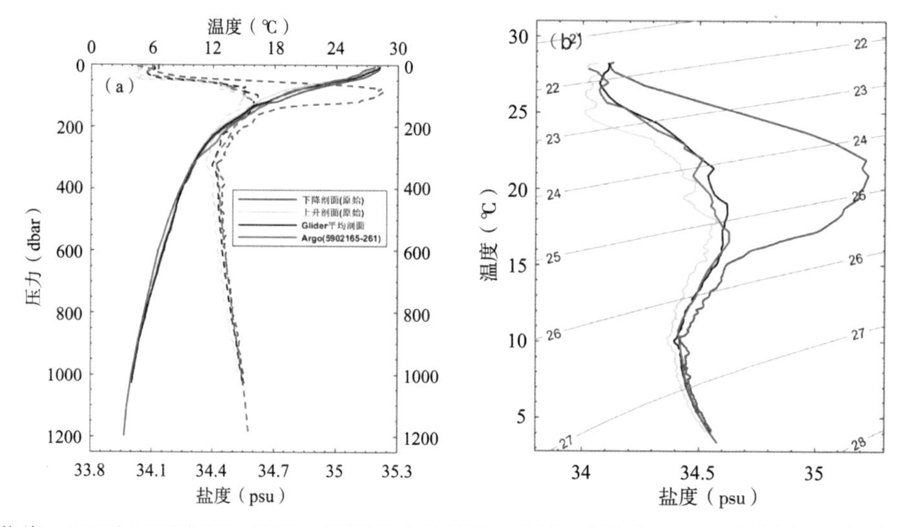


蓝线：滑翔机下降剖面；青线：滑翔机上升剖面；黑线：滑翔机上、下平均剖面；红线：Argo剖面。

图6-4　滑翔机CTD资料与邻近Argo剖面对比

表6-5　水下滑翔机观测剖面与相近历史Argo剖面的相关信息

| | 纬度（°N） | 经度（°E） | 最大观测深度（m） | 观测时间 |
|---|---|---|---|---|
| 1000J005（150507） | 18.496 | 114.796 | 1030.4 | 20150507 |
| Argo（5902165_261） | 18.468 | 114.226 | 1200.0 | 20150502 |

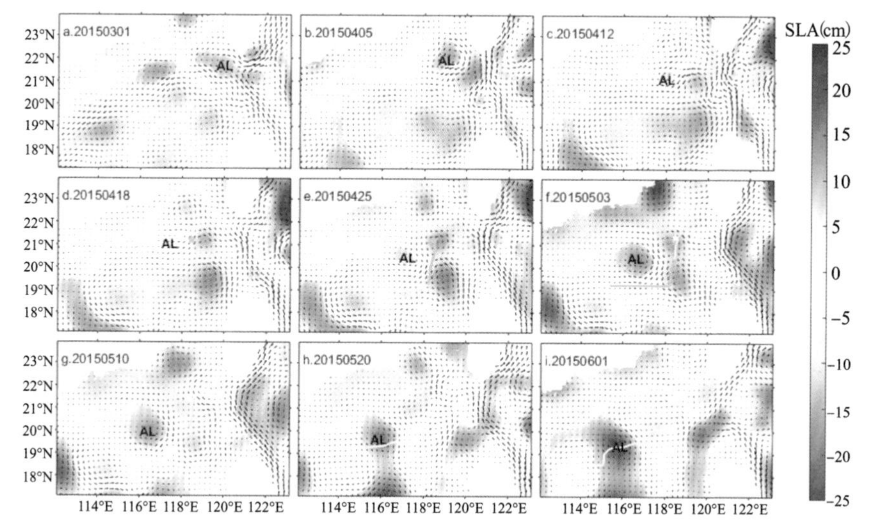


AL：反气旋涡位置；绿色：1000J005；黄色：1000J003；五角星：航线起点；底色：海面高度异常值；黑色箭头：海面地转流速。

图6-5　滑翔机航线

图6-6是根据滑翔机1000J003时间序列所得的温盐深度剖面图。由图6-6可以看出，在115.2° E ~ 116.6° E之间等温线、等盐线下凹，盐度偏大，可以推断出此处存在一个反气旋涡；该反气旋涡表现为高温、高盐特性，且该涡旋中心处的盐度在34.8以上，明显高于典型南海水的特征盐度，也与在南海区域产生反气旋涡的高温低盐的性质不同，故此反气旋涡可能是从黑潮脱落而来。结合图6-5（h）~（i）图可以发现，滑翔机1000J003航线刚好穿过由黑潮脱落的反气旋涡。黑潮高盐水的特征，导致该涡旋表层盐度较南海周围盐度也存在较大差异，反映了黑潮通过涡旋脱落的入侵形式增加南海盐度的影响。该反气旋涡在2015年3月1日左右，从黑潮主轴脱离而来；反气旋涡在向西南移动的过程中，其强度先减小后增大，最后再减弱直至消失；该反气旋涡大约在七月中旬消失（图未示出），自脱离至消失，存在时间近5个月。

由图6-5可以看出在反气旋涡脱落后，其东侧一直存在相对较小的气旋式涡旋，在图6-5（f）~（g），117.5 ~ 118.5° E之间，滑翔机航线经过气旋式涡旋，气旋涡呈现高温、高盐性质，其中心盐度在34.7以上。在图6-6中表现为117.5° E ~ 118.5° E之间航线上的温度、盐度值和上述反气旋涡的相似。推测，该气旋涡是在强劲的反气旋涡的诱导下同样是从黑潮主轴脱落而来的。

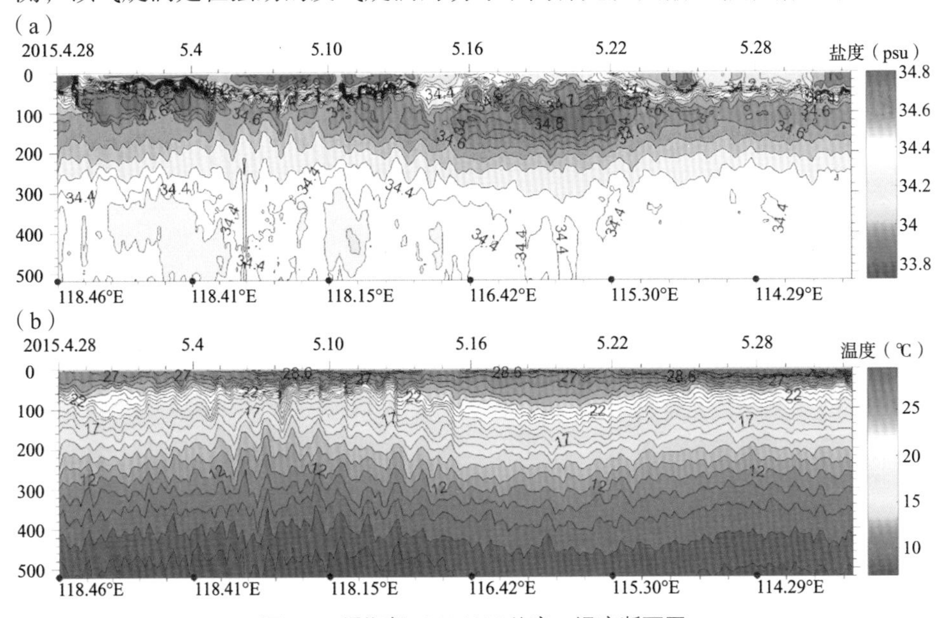


图6-6 滑翔机1000J003盐度、温度断面图

# 6.4　黑潮水在南海的分布情况

最优多参数分析法，可以计算出混合水各个成分的混合比例，南海水和黑潮水在南海东北部的混合比例可大致反映黑潮入侵情况。本节利用最优多参数分析法分析黑潮水在南海东北部的入侵情况。

## 6.4.1　秋末冬初黑潮在吕宋海峡两侧20° N断面上的分布情况

2014年11月，横穿吕宋海峡获得了一条20° N断面，具体站点分布如图6–7所示，共15个站点。为计算南海和黑潮比较典型的水团温盐参数，在具有代表性的南海和黑潮区域选取了同年相近月份的Argo剖面［图6–7（b）］。

图6–8比较直观地显示了通过最优多参数分析法所得到的各站点的南海水和黑潮水的混合比例值。从图中可以看出，站点7、8位于吕宋海峡中间，为南海和西北太平洋的分界线，站点1～6代表南海东北部，站点9～15代表西北太平洋。可以看出在南海东北部黑潮水主要存在于250 m以上，250 m以下黑潮水所占比例相对较小，且站点越靠近吕宋海峡黑潮水所占比例越高。由混合比例可以推测出，黑潮入侵主要对南海东北部250 m以上海水性质影响比较大，随着深入南海，影响逐渐减小。

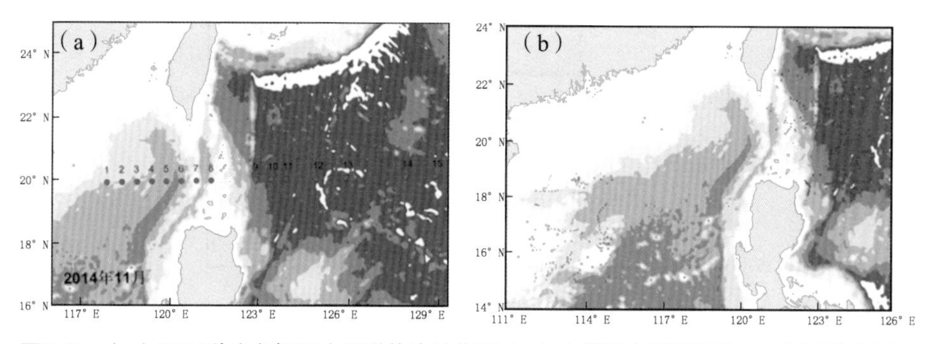


图6–7　（a）2014秋末冬初西太平洋航次站位图（b）计算源水型时所选Argo剖面分布图

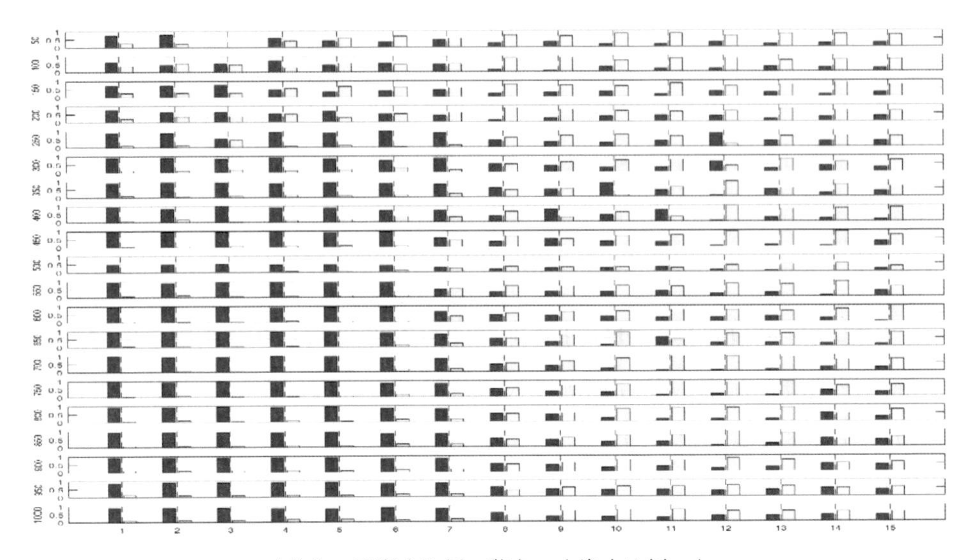

（黄色：黑潮水比例；蓝色：南海水比例。）

图6-8 各站点南海水和黑潮水的混合比例

## 6.4.2 利用多年平均数据分析黑潮水在南海的分布情况

通过从WOA18数据集所获得的多年平均温度、盐度剖面数据进行处理，在南海东北部选取了三条纬向断面（图6-9），东西跨度为114.13° E ~ 120.88° E，垂向分层为20层，绘制了三条断面垂向不同层处的水团混合比，由此对黑潮水入侵南海的状况进行研究。接下来将对a、b、c三条断面的情况进行逐个分析和综合分析。

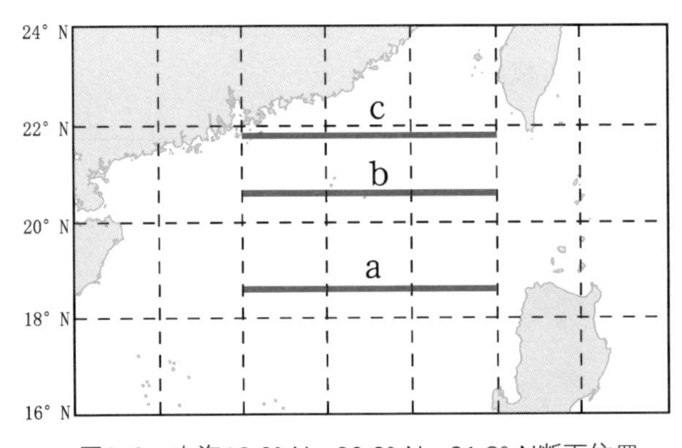


图6-9 南海18.6° N、20.6° N、21.8° N断面位置

图6–10（a）为18.6° N断面处水团混合比，断面a的位置位于吕宋海峡西南侧。50 m层处断面偏西侧的黑潮水比例约在10%，而断面偏东侧的黑潮水比例为20%～30%，自东向西黑潮水的比例逐渐降低；100～150 m层上黑潮水的比例较小，普遍占比10%，分布表现为断面中部高于东部；而200 m层上的黑潮水在断面的西侧和中部占比表现出垂向上的最大值，平均占比30%左右，而东侧处的比例则低于西侧；250～300 m层的黑潮水西侧占比为10%～20%，略大于东侧，中部则表现不明显；300 m以下，黑潮水的比例无论是偏东侧或是偏西侧都十分小。根据水团混合比例显示，18.6° N断面整体上，黑潮水入侵都集中在300 m以浅的海域，50m浅层黑潮入侵较强，100～150 m入侵程度下降，200 m处的入侵表现亦较强。

图6–10（b）为20.6° N断面上水团混合比，断面b的大致位置位于吕宋海峡中西侧。此断面50～150 m层都有较为明显的黑潮水成分，其比例东西差别明显，接近吕宋海峡位置的占比最高达70%左右，自东向西比例逐渐降低，西侧低至约10%，同时自上而下的差别也较为明显，表现为同一经度上50 m层和100 m层的黑潮水占比都偏高于150 m层；300 m以下，黑潮水的占比普遍较低，大部分在10%以下，且大部分集中在吕宋海峡附近，随着深度的增加其变化不大。断面b的结果显示，该处附近黑潮水的入侵主要集中在300 m以上深度，150 m以上各层的黑潮水入侵都是自东向西发生的，而200 m层处入侵整体最强，300 m以下黑潮水比例较小。

图6–10（c）为21.8° N断面上水团混合比。断面c的大致位置位于吕宋海峡西北侧。50 m层和100 m层上断面中部和东侧黑潮水的占比较高，吕宋海峡附近较高的在70%左右，中部的比例分布较为均匀，黑潮水与南海水比例相当，而断面西侧较低的约10%，黑潮水比例自东向西逐渐减小；在200 m层处，不同于断面a和断面b的高占比，此处黑潮水的比例处于较低的状态，平均为20%左右；250 ～300 m层的黑潮水成分较少；350～400 m层的黑潮水成分平均占比在10%以下，而400 m往下水团中南海水的主要成分占比都在90%

左右，黑潮水成分比例十分小，仅在断面东侧靠近吕宋海峡处略微高。断面c的结果表明，黑潮水的主要入侵表现在400 m以上，断面c中黑潮水在浅层的入侵强烈，整体呈现自西向东入侵减弱的趋势。

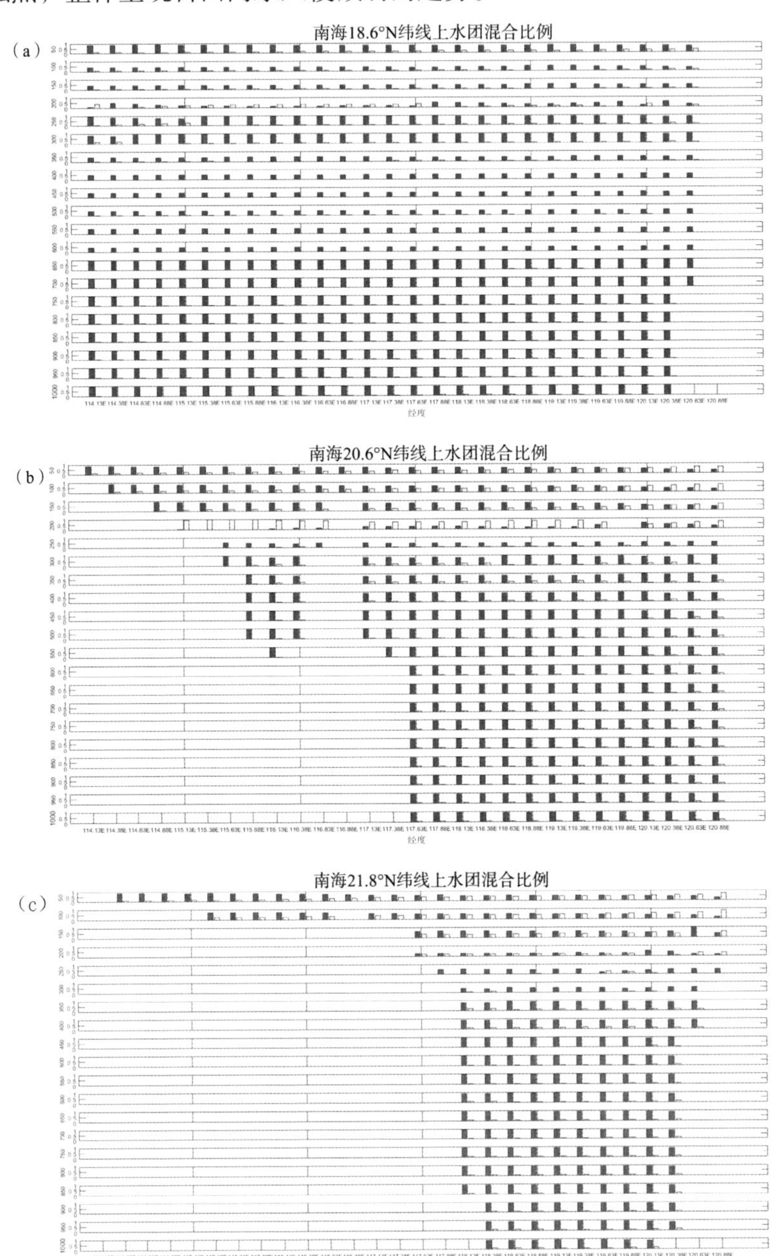


（黄色：黑潮水比例；蓝色：南海水比例。）

图6-10 南海18.6° N、20.6° N、21.8° N断面处水团混合比例分布图

综合上述断面a、断面b和断面c的分析结果，总结如下：① 黑潮水的入侵主要集中在350 m以上的海域，350 m以下的海域入侵较弱，仅在各断面东侧120.88° E靠近吕宋海峡附近略强；② 南段（18.6° N）和中段（20.6° N）的入侵最强位置都在200 m左右，而北段（21.8° N）最强入侵位置在50 ~ 100 m深度处；③ 黑潮水的入侵整体表现为，自上而下、自东向西呈减弱趋势。但在20.6° N处200 m整层黑潮水入侵尤为突出。其原因猜测如下：最优多参数分析法是根据代表区域源水型的温度、盐度参数计算得到的水团混合比例值，但是在25.5 ~ 26 kg/m$^3$位密范围内（图6-11红色边框内），对应深度200 m上下，黑潮水和南海水的温度、盐度十分接近，利用T-S点聚图无法区分，当计算两者混合比例时同样可能产生混淆。因此黑潮水和南海水的混合比例值可能会在200 m层附近发生突变，需要更多的水团参数进行判别。

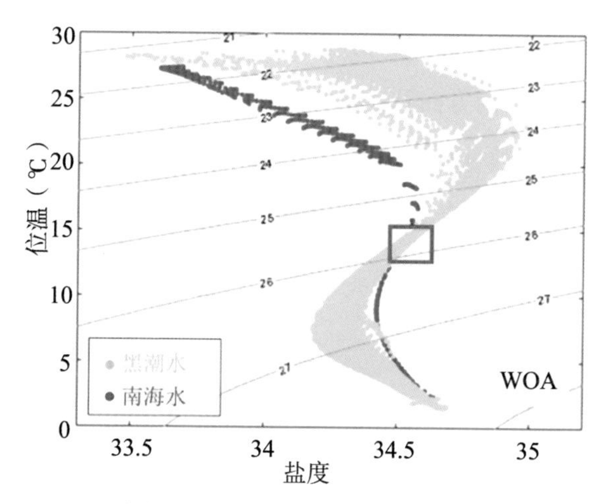


（浅蓝色：黑潮水；深蓝色：南海水。）

图6-11　计算黑潮水和南海水源水型时所选剖面的T-S点聚图

## 6.5 本章小结

① 台风“红霞”过境时，黑潮入侵南海的水体、热、盐通量大幅度增加，台风贡献率高达40%。台风加强黑潮入侵南海的现象在次表层最为显著。

② 南海东北部次表层盐度变化与吕宋海峡处水体输运具有较好一致性。吕宋海峡自东向西输运量增大时，南海次表层的盐度最大值随后增大，但具有一定的滞后性。

③ 黑潮入侵南海时，在吕宋海峡西北侧会脱落反气旋涡，脱落的反气旋涡进入南海后向南海西南方向移动，在南海存活时间达5个月。

④ 通过最优多参数分析法发现，黑潮入侵南海东北部的程度北侧大于南侧。对于黑潮入侵比例而言，吕宋海峡附近比例最高，越向西比例越小，且入侵较强的位置主要在250 m以上。

# 第七章

# 结论与展望

## 7.1 主要结论和创新点

黑潮入侵对南海海洋环境有重要影响，本书开展台风和中尺度涡对黑潮入侵南海的影响研究。本书基于Argo、CTD、卫星遥感资料和滑翔机等实测数据，采用海洋数值模式，针对台风和中尺度涡过程，黑潮对南海的水体、热、盐通量，以及台风过境后黑潮入侵对南海的影响等开展了研究，取得如下成果。

① 当台风“红霞”过境时，在纬向上，黑潮对南海的入侵强度在21° N最为显著；在垂向上，黑潮入侵在次表层最强，导致南海东北部的盐度变化在次表层最为显著。台风引起的黑潮主轴西向偏移相较于高盐水入侵南海具有一定的滞后性，滞后约7 d；台风过境对黑潮入侵南海的影响可以持续20 d之久。台风导致黑潮入侵南海的水体、热、盐通量大幅度增加，台风贡献率在40%左右。

② 台风导致的南北向的海面压强梯度差产生西向的地转流，可使黑潮入侵南海强度增大；北向风产生的西向Ekman输运，同样加强黑潮入侵南海。

③ 当黑潮入侵南海，在吕宋海峡西北侧脱落反气旋涡时，脱落的反气旋涡进入南海后向西南方向移动，在南海存活时间可达5个月；黑潮对南海东北部的影响程度北侧大于南侧。

总之，本书比较细致地研究了台风和位于黑潮东边界处的反气旋涡对黑潮主轴位置、流速等方面的影响，并分析了引起的黑潮入侵对南海东北部的影响程度，为研究黑潮入侵南海提供了有力补充。

## 7.2 研究不足之处

① 对台风、反气旋涡增强黑潮入侵南海的动力机制，以及黑潮入侵对南海本身的环流、涡旋状态研究得不够细致。

② 在南海东北部利用最优多参数分析法计算黑潮水和南海水的混合比例时，只用到了温度、盐度两个参数，但是在25.5 ~ 26 kg/$m^3$范围内南海水和黑潮水的温、盐度比较接近，判断两者混合比例时容易混淆。

③ 没有全面考虑黑潮入侵南海的其他影响因素，比如北赤道流分叉点位置、PDO、ENSO等因素。

## 7.3 未来展望

在研究过程中发现，台风强度、路径变化多样，不同的台风过程对黑潮入侵南海的影响不同，在后续时间希望可以在之前研究的基础上继续研究；在分析水团混合比时，希望可以找到合适的资料，比如叶绿素、溶解氧，用于判别在25.5 ~ 26 kg/$m^3$范围内南海水和黑潮水；继续研究台风、反气旋涡影响黑潮入侵南海的动力机制也是十分必要的。

# 参考文献

[1] 李立，苏纪兰. 南海的黑潮分离流环［J］. 热带海洋，1997，16（2）：42–57.

[2] 许建平. 南海东北部冬季表面环流的卫星红外遥感观测研究［J］. 东海海洋，2001（4）：2–13.

[3] Wang D，Hong B，Gan J P，et al. Numerical investigation on propulsion of the counter–wind current in the northern South China Sea in winter［J］. Deep Sea Research Part I：Oceanographic Research Papers，2010，57（10）：1206–1221.

[4] Wang D，Liu Q Y，Huang R X，et al. Interannual variability of the South China Sea throughflow inferred from wind data and an ocean data assimilation product［J］. Geophysical Research Letters，2006，33（14）.

[5] Fang G，Susanto D，Soesilo I. A note on the South China Sea shallow interocean circulation［J］. Advances in Atmospheric Sciences，2005，22（6）：946–954.

[6] Qu T，Du Y，Meyers G，et al. Connecting the tropical Pacific with Indian Ocean through South China Sea［J］. Geophysical Research Letters，2005，32（24）.

[7] Qu T，Mitsudera H，Yamagata T . Intrusion of the North Pacific waters into the South China Sea［J］. Journal of Geophysical Research，2000，105（C3）：6415–6424.

[8] 刘长建，杜岩，张庆荣，等. 南海次表层和中层水团年平均和季节变化特征［J］. 海洋与湖沼，2008，39（1）：55–64.

[9] Li D，Zhou M，Zhang Z，et al. Intrusions of Kuroshio and Shelf Waters on Northern Slope of South China Sea in Summer 2015［J］. Journal of Ocean

University of China, 2018, 17 (3): 477–486.

[10] Zeng L, Timothy L W, Xue H, et al. Freshening in the South China Sea during 2012 revealed by Aquarius and in situ data [J]. Journal of Geophysical Research: Oceans, 2014, 119 (12): 8296–8314.

[11] Zeng L, Chassignet E, Schmitt R W, et al. Salinification in the South China Sea since late 2012: a reversal of the freshening since 1990s [J]. Geophysical Research Letters, 2018, 45 (6): 2744–2751.

[12] Nan F, Yu F, Xue H, et al. Freshening of the upper ocean in the South China Sea since the early 1990s [J]. Deep Sea Research Part I: Oceanographic Research Papers, 2016, 118: 20–29.

[13] Chen X, Liu Z, Wang H, et al. Significant salinity increase in subsurface waters of the South China Sea during 2016–2017 [J]. Acta Oceanologica Sinica, 2019, 38 (11): 51–61.

[14] Li G, Zhang Y, Xiao J, et al. Examining the salinity change in the upper Pacific Ocean during the Argo period [J]. Climate Dynamics, 2019, 53 (9): 6055–6074.

[15] Wang D, Xu H, Lin J, et al. Anticyclonic eddies in the northeastern South China Sea during winter 2003/2004 [J]. Journal of Oceanography, 2008, 64 (6): 925–935.

[16] Shu Y Q, Xiu P, Xue H, et al. Glider-observed anticyclonic eddy in northern South China Sea [J]. Aquatic Ecosystem Health & Management, 2016, 19 (3): 233–241.

[17] Shu Y, Chen J, Shuo L I, et al. Field-observation for an anticyclonic mesoscale eddy consisted of twelve gliders and sixty-two expendable probes in the northern South China Sea during summer 2017 [J]. Scientia Sinica (Terrae), 2019, 62 (2): 451–458.

[ 18 ] Liu Z，Chen X，Yu J，et al. Kuroshio intrusion into the South China Sea with an anticyclonic eddy：evidence from underwater glider observation [ J ] . Journal of Oceanology and Limnology，2019 ( 5 ) : 1469–1480.

[ 19 ] Jia Y，Liu Q. Eddy Shedding from the Kuroshio Bend at Luzon Strait [ J ] . Journal of Oceanography，2004，60 ( 6 ) : 1063–1069.

[ 20 ] 仇德忠，杨天鸿，郭忠信. 夏季南海北部一支向西流动的海流 [ J ] . 热带海洋学报，1984 ( 4 ) : 67–75.

[ 21 ] Caruso M J，Gawarkiewicz G G，Beardsley R C . Interannual variability of the Kuroshio intrusion in the South China Sea [ J ] . Journal of Oceanography，2006，62 ( 4 ) : 559–575.

[ 22 ] Nan F，Xue H，Chai F，et al. Identification of different types of Kuroshio intrusion into the South China Sea [ J ] . Ocean Dynamics，2011，61 ( 9 ) : 1291–1304.

[ 23 ] Huang Q Z，Zheng Y R. Currents in the northeastern South China Sea and Bashi Channel in March 1992. [ M ] //《台湾海峡及邻近海域海洋科学讨论会论文集》编辑委员会. 台湾海峡及邻近海域海洋科学讨论会论文集.北京：海洋出版社，1995，16–29.

[ 24 ] 南峰. 台湾西南部海域流—涡结构及其演变规律研究 [ D ] . 青岛：中国海洋大学，2012.

[ 25 ] Liang W D，Yang Y J，Tang T Y，et al. Kuroshio in the Luzon Strait [ J ] . Journal of Geophysical Research–space Physics，2008，113 ( C8 ) .

[ 26 ] 袁东亮，李锐祥. 中尺度涡旋影响吕宋海峡黑潮变异的动力机制 [ J ] . 热带海洋学报，2008，27 ( 4 ) : 1–9.

[ 27 ] Sheremet V A. Hysteresis of a Western Boundary Current Leaping across a Gap [ J ] . Journal of Physical Oceanography，2010，31 ( 5 ) : 1247–1259.

[28] Chen C T A，Huang M H. A mid-depth front separating the South China Sea water and the Philippine sea water [J]. Journal of Oceanography，1996，52 (1)：17-25.

[29] Qu T. Evidence for water exchange between the South China Sea and the Pacific Ocean through the Luzon Strait [J]. Acta Oceanol. Sin.，2002，21 (2)： 175-185.

[30] Yuan D. A numerical study of the South China Sea deep circulation and its relation to the Luzon Strait transport [J]. Acta Oceanologica Sinica，2002，21 (2)：187-202.

[31] Tian J，Yang Q，Liang X，et al. Observation of Luzon Strait transport [J]. Geophysical Research Letters，2006，33 (19).

[32] Qu T，Girton J B，Whitehead J A. Deepwater overflow through Luzon Strait [J]. Journal of Geophysical Research Oceans，2006，111 (C1).

[33] Yuan Y，Liao G，Yang C，et al. Summer Kuroshio Intrusion through the Luzon Strait confirmed from observations and a diagnostic model in summer 2009 [J]. Progress in Oceanography，2014，121 (121)：44-59.

[34] 许建平，苏纪兰. 黑潮水入侵南海的水文分析：Ⅱ.1994年8—9月期间的观测结果 [J]. 热带海洋学报，1997 (2)：1-23.

[35] Li L，Jr W D N，Su J. Anticyclonic rings from the Kuroshio in the South China Sea [J]. Deep Sea Research Part I Oceanographic Research Papers，1998，45 (9)：1469-1482.

[36] 许建平，潘玉球，柴扉，等. 1998年春夏季南海若干重要水文特征及其形成机制分析 [A]. 中国海洋学文集——南海海流数值计算及中尺度特征研究 [C]. 北京：海军出版社，2001.

[37] 刘增宏，李磊，许建平，等. 1998年夏季南海水团分析 [J]. 海洋学研究，2001，19 (3)：2-11.

[38] Yuan D, Han W, Hu D. Surface Kuroshio path in the Luzon Strait area derived from satellite remote sensing data [J]. Journal of Geophysical Research Oceans, 2006, 111 (C11).

[39] Hsin Y, Wu C, Chao S. An updated examination of the Luzon Strait transport [J]. Journal of Geophysical Research Oceans, 2012, 117 (C3).

[40] Wu C R, Wang Y L, Lin Y F, et al. Intrusion of the Kuroshio into the South and East China Seas [J]. Scientific Reports, 2017, 7 (1): 7895.

[41] Centurioni L. Observations of inflow of Philippine Sea surface water into the South China Sea through the Luzon Strait [J]. Journal of Physical Oceanography, 2004, 34 (34): 2564–2570.

[42] Qu T, Song Y T, Yamagata T, et al. An introduction to the South China Sea throughflow: Its dynamics, variability, and application for climate [J]. Dynamics of Atmospheres and Oceans, 2009, 47 (1): 3–14.

[43] 李立，吴日升，郭小钢. 南海的季节环流——TOPEX/POSEIDON卫星测高应用研究 [J]. 海洋学报，2000，22 (6): 13–26.

[44] Qiu B, Chen S. Interannual–to–Decadal Variability in the Bifurcation of the North Equatorial Current off the Philippines [J]. Journal of Physical Oceanography, 2010, 40 (40): 2525–2538.

[45] Qu T, Lukas R. The Bifurcation of the North Equatorial Current in the Pacific [J]. Journal of Physical Oceanography, 2003, 33 (1): 5–18.

[46] Yuan Y, Yang C, Liao G, et al. Variation in the Kuroshio intrusion: Modeling and interpretation of observations collected around the Luzon Strait from July 2009 to March 2011 [J]. Journal of Geophysical Research Oceans, 2014, 119 (6): 3447–3463.

[47] Qu T, Kim Y Y, Yaremchuk M, et al. Can Luzon Strait Transport Play

a Role in Conveying the Impact of ENSO to the South China Sea [J]. Journal of Climate, 2004, 17 (18): 3644–3657.

[48] 杨龙奇，许东峰，徐鸣泉，等. 黑潮入侵南海的强弱与太平洋年代际变化及厄尔尼诺–南方涛动现象的关系 [J]. 海洋学报，2014，36 (7): 17–26.

[49] Wu C R. Interannual modulation of the Pacific Decadal Oscillation (PDO) on the low–latitude western North Pacific [J]. Progress in Oceanography, 2013, 110 (3): 49–58.

[50] Farris A, Wimbush M. Wind–Induced Kuroshio Intrusion into the South China Sea [J]. Journal of Oceanography, 1996, 52 (6): 771–784.

[51] Kuehl J J, Sheremet V A. Identification of a cusp catastrophe in a gap–leaping western boundary current [J]. Journal of Marine Research, 2009, 67 (1): 25–42.

[52] Nan F, Xue H, Chai F, et al. Weakening of the Kuroshio Intrusion into the South China Sea over the Past Two Decades [J]. Journal of Climate, 2013, 26 (20): 8097–8110.

[53] Metzger E J, Hurlburt H E. Coupled dynamics of the South China Sea, the Sulu Sea, and the Pacific Ocean [J]. Journal of Geophysical Research Oceans, 1996, 101 (C5): 12331–12352.

[54] Song Y T. Estimation of interbasin transport using ocean bottom pressure: Theory and model for Asian marginal seas [J]. Journal of Geophysical Research Oceans, 2006, 111 (C11).

[55] Yaremchuk M, Qu T. Seasonal Variability of the Large–Scale Currents near the Coast of the Philippines [J]. Journal of Physical Oceanography, 2004, 34 (4): 844–855.

[56] Zheng Q, Tai C K, Hu J, et al. Satellite altimeter observations of

nonlinear Rossby eddy–Kuroshio interaction at the Luzon Strait [ J ] . Journal of Oceanography，2011，67（4）: 365.

[ 57 ] Lien R C，Cheng Y H，Ho C R，et al. Modulation of Kuroshio transport by mesoscale eddies at the Luzon Strait entrance [ J ] . Journal of Geophysical Research Oceans，2014，119（4）: 2129–2142.

[ 58 ] Cheng Y H，Ho C R，Zheng Q，et al. Statistical features of eddies approaching the Kuroshio east of Taiwan Island and Luzon Island [ J ] . Journal of Oceanography，2017，73（4）: 1–12.

[ 59 ] Yang G，Wang F，Li Y，et al. Mesoscale eddies in the northwestern subtropical Pacific Ocean：Statistical characteristics and three–dimensional structures [ J ] . Journal of Geophysical Research，2013，118（4）: 1906–1925.

[ 60 ] Qian S，Wei H，Xiao J，et al. Impacts of the Kuroshio intrusion on the two eddies in the northern South China Sea in late spring 2016 [ J ] . Ocean Dynamics，2018，68（12）：1695–1709.

[ 61 ] Hsu T W，Chou M H，Hou T H，et al. Typhoon effect on Kuroshio and Green Island wake：a modelling study [ J ] . Ocean ence Discussions，2018，12（6）: 3199–3233.

[ 62 ] Tada H，Uchiyama Y，Masunaga E . Impacts of two super typhoons on the Kuroshio and marginal seas on the Pacific coast of Japan [ J ] . Deep Sea Research，2018，132（FEB.）: 80–93.

[ 63 ] Kuo Y C，Zheng Z W，Zheng Q，et al. Typhoon–Kuroshio interaction in an air–sea coupled system：Case study of Typhoon Nanmadol（2011）[ J ] . Ocean Modelling，2018.

[ 64 ] 令聪婧，刘磊，何伟，等. 一次台风过程对西北太平洋西边界流系源区影响的数值模拟研究 [ J ] . 海洋预报，2015，32（5）: 24–34.

[65] 张晶，魏泽勋，李淑江，等. 太平洋-印度洋贯穿流南海分支研究综述 [J]. 海洋科学进展，2014，32（1）：107-120.

[66] 蔡树群，苏纪兰. 南海环流的一个两层模式 [J]. 海洋学报：中文版，1995，17（2）：12-20.

[67] Yang H，Liu Q，Liu Z，et al. A general circulation model study of the dynamics of the upper ocean circulation of the South China Sea [J]. Journal of Geophysical Research，2002，107（22）：1-14.

[68] 翟丽，方国洪，王凯. 南海风生正压环流动力机制的数值研究 [J]. 海洋与湖沼，2004，35（4）.

[69] Fang G，Wang Y，Wei Z，et al. Interocean circulation and heat and freshwater budgets of the South China Sea based on a numerical model [J]. Dynamics of Atmospheres and Oceans，2009，47（1）：55-72.

[70] 方国洪，魏泽勋，王凯，等. 中国近海域际水、热、盐输运：全球变网格模式结果 [J]. 中国科学（D辑：地球科学），2002，32（12）：967-977.

[71] 方国洪，魏泽勋，黄企洲，等. 南海南部与外海间的体积和热、盐输运及其对印尼贯穿流的贡献 [J]. 海洋与湖沼，2002，33（3）：296-302.

[72] Du Y，Qu T. Three inflow pathways of the Indonesian throughflow as seen from the simple ocean data assimilation [J]. Dynamics of Atmospheres and Oceans，2010，50（2）：0-256.

[73] Qu T，Du Y，Sasaki H，et al. South China Sea throughflow：A heat and freshwater conveyor [J]. Geophysical Research Letters，2006，33（23）.

[74] Yaremchuk M，Mccreary J P，Yu Z，et al. The South China Sea Throughflow Retrieved from Climatological Data [J]. Journal of Physical Oceanography，2009，39（3）：753-767.

[75] 王胄，陈庆生. 南海东北部海域次表层水与中层水之流径 [J]. 热带海洋，1997，16（2）: 24–41.

[76] Nan F，Yu F，Xue H，et al. Ocean salinity changes in the northwest Pacific subtropical gyre： The quasi–decadal oscillation and the freshening trend [J]. Journal of Geophysical Research： Oceans，2015，120（3）: 2179–2192.

[77] Liu C，Wang D. Chen J，et al. Freshening of the intermediate water of the South China Sea between the 1960s and the 1980s [J]. Journal of Oceanology and Limnology，2012，30（6）: 1010–1015.

[78] 杜岩，王东晓，陈举，等. 南海海洋动力过程观测与模拟研究进展 [J]. 热带海洋学报，2004，23（6）: 82–92.

[79] Wang，Q.，Zeng，L.，Chen，J.，He，Y.，Zhou，W.，& Wang，D. （2020）. The linkage of Kuroshio intrusion and mesoscale eddy variability in the northern South China Sea： Subsurface speed maxìmum. Geophysical Research Letters，46;e2020GL087034. https：//doi.org/10.1029/2020GL087034

[80] Yu J，Zhang A，Jin W，et al. 2011. Development and Experiments of the Sea–Wing Underwater Glider. China Ocean Engineering，25： 721–736.

[81] Warner J C，Armstrong B，He R，et al. Development of a Coupled Ocean–Atmosphere–W ave–Sediment Transport （COAWST） Modeling System. Ocean Modelling，2010，35（3）: 230–244.

[82] Warner J C，Armstrong B N，He R，et al. Development and applications of a Coupled–Ocean–Atmosphere–Wave–Sediment Transport （COA WST） Modeling System. AGU Fall Meeting Abstracts，2012：230–244.

[83] 毛锴.台风“莎莉嘉”对南海上混合层的影响变化研究 [D].青岛：中国海洋大学，2019.

[ 84 ] Liu Na，Ling Tiejun，W ang Hui，et al. Numerical Simulation of Typhoon Muifa（2011） Using a Coupled Ocean–Atmosphere–Wave–Sediment Transport（COAWST） Modeling System. Journal of Ocean University of China，2015，14（2）：199–209.

[ 85 ] Taylor P K，Y elland M J . The dependence of sea surface roughness on the height and steepness of the waves [ J ] . Journal of Physical Oceanography，2001，31（2）：572–590.

[ 86 ] Liu Z，Xu J，Yu J . Real–time quality control of data from Sea–Wing underwater glider installed with Glider Payload CTD sensor [ J ] . 2020，39（3）：130–140.

[ 87 ] Böhme，Lars. Quality control of profiling float data in the Subpolar North Atlantic. [ J ] . Christian–Albrechts–Universität，2003.

[ 88 ] 刘增宏，许建平，孙朝辉. Argo浮标电导率漂移误差检测及其校正方法探讨 [ J ] . 海洋技术，2007（4）：78–82.

[ 89 ] Owens W B，Wong A P S. 2009. An improved calibration method for the drift of the conductivity sensor on autonomous CTD profiling floats by θ –S climatology [ J ] . Deep–Sea Research，Part I： Oceanographic Research Papers，56（3）： 450–457.

[ 90 ] 卢少磊，李宏，刘增宏. Argo盐度资料延时质量控制的改进方法 [ J ] . 解放军理工大学学报（自然科学版），2014（15）：606.

[ 91 ] 刘增宏，2016. 全球Argo剖面浮标资料集（V2.1）说明，中国Argo实时资料中心，杭州，16pp.

[ 92 ] 李兆钦，刘增宏，邢小罡，2019. 全球海洋 Argo 散点资料集（V3.0）（1997–2018）用户手册，中国 Argo 实时资料中心，杭州，33pp.

[ 93 ] 许建平，刘增宏，梅山，等.西太平洋Argo实时海洋调查 [ M ] .北京：海洋出版社，2019.

[ 94 ] Roemmich D，Gilson J. The 2004–2008 mean and annual cycle of temperature，salinity，and steric height in the global ocean from the Argo Program [ J ] . Progress in Oceanography，2009，82（2）：81–100.

[ 95 ] You–Soon Chang，Rosati A J，Zhang S，et al. Objective analysis of monthly temperature and salinity for the world ocean in the 21st century：Comparison with World Ocean Atlas and application to assimilation validation [ J ] . Journal of Geophysical Research： Oceans，2009，114.

[ 96 ] 李宏，许建平，刘增宏，等. 利用逐步订正法构建Argo网格资料集的研究 [ J ] . 海洋通报，2012，31（5）：502–514.

[ 97 ] Zhang C，Xu J，Bao X，et al. An effective method for improving the accuracy of Argo objective analysis [ J ] . Acta Oceanologica Sinica，2013，32（7）：66–77.

[ 98 ] 许建平，等.Argo科学研讨会论文集 [ M ] .北京：海洋出版社，2014.

[ 99 ] Lueck R G，Picklo J J. Thermal inertia of conductivity cells： observations with a sea–bird cell [ J ] . Journal of Atmospheric and Oceanic Technology，1990，7（5）：756–768.

[ 100 ] Morison J，Andersen R，Larson N，et al. The correction for thermal–lag effects in sea–bird CTD data [ J ] . Journal of Atmospheric and Oceanic Technology，1994，11（4）：1151–1164.

[ 101 ] Garau B，Ruiz S，Zhang W G，et al. Thermal lag correction on slocum CTD glider data [ J ] . Journal of Atmospheric and Oceanic Technology，2001，28：1065–1071.

[ 102 ] UNESCO. Tenth report of the joint panel on oceanographic tables and standards [ J ] . UNESCO technical papers in Marine Sciences，1981，No. 36.

[ 103 ] Tintoré J，Vizoso G，Casas B，et al. SOCIB： The Balearic Islands

Coastal Ocean Observing and Forecasting System Responding to Science [ J ] , Technology and Society Needs. Marine Technology Society Journal, 2013, 47: 101-117.

[ 104 ] Troupin C, Beltran J P, Heslop E, et al. A toolbox for glider data processing and management [ J ] . Methods in Oceanography, 2015, 13-23.

[ 105 ] Matthias Tomczak. A multi-parameter extension of temperature/ salinity diagram techniques for the analysis of non-isopycnal mixing. [ J ] Progress in Oceanography. 1981, 10 ( 10 ): 147-171.

[ 106 ] Pearson K. LⅢ. On lines and planes of closest fit to systems of points in space [ J ] . Philosophical Magazine, 1901, 2 ( 11 ) : 559-572.

[ 107 ] Emanuel K A. The maximum intensity of hurricanes [ J ] . Journal of the Atmospheric Sciences, 1988, 45 ( 7 ): 1143-1155.

[ 108 ] 周婉君，徐海明. 东中国海黑潮影响热带气旋强度的观测分析和数值模拟 [ J ] . 大气科学学报，2015，38 ( 1 ) : 9-18.

[ 109 ] 蔡树群，刘海龙，李薇. 南海与邻近海洋的水通量交换 [ J ] . 海洋科学进展， 2002， 20 ( 3 )： 29-34.

[ 110 ] 方国洪，魏泽勋，崔秉浩，等. 中国近海域际水、热、盐输运：全球变网格模式结构 [ J ] . 中国科学 （D），2002，32 ( 12 )： 969-977.

[ 111 ] Chen X, Liu Z, Wang H, et al. Significant salinity increase in subsurface waters of the South China Sea during 2016–2017 [ J ] . 2019, 38 ( 11 ) : 51-61.